好女孩也該
享受狂野的性愛

婦產科名醫教妳關鍵密技

潘俊亨醫師 ◎著

Contents

Contents

為女性朋友帶來高潮迭起的幸福人生！

潘醫師是我認識30多年的老朋友，也是一個臨床經驗十分豐富的婦產科醫師，聽聞他要出書，還邀我作序推薦，真是喜出望外。喜的是：

在醫界貢獻這麼多年，文筆流暢又熱心衛生教育的潘醫師終於出書了，但這應該是他的第二本書。他的第一本書《經痛背後有惡魔》才剛剛於2019年年初出版，馬上又有新作，一喜。

潘醫師的第二本書《好女孩也該享受狂野的性愛——婦產科名醫教妳關鍵密技》，以性學理論融合實務，不同於市場上許多譁眾取寵的性愛作品，我長期擔任台灣性教育學會榮譽理事長，與有榮焉，二喜。

這本書的寫作方式以女性為主體，為現今「女性自主」仍以言論重於實務的不均衡狀態，提供了具體的方法，也就是說，女人談性自主，可以身體力行，不再只是說說而已，潘醫師為女性的設想，可喜，也是三喜。

接下來我要簡單介紹一下這本書，此書從女性思想解放的歷史，談到美魔女需要具備的條件；再從醫師的觀點談論「性與

健康」，包括常見的性愛迷思、看A片與性幻想的脈絡解析；從「一個人的性愛」，到「女女這樣愛」，說的是女生要享受性愛，可以自己來；最精彩的當然是從人類生理構造解構性愛高潮的各類招式，不只有文字解說，還搭配插圖，圖文並茂，相當精彩。

　　作為一名行醫30多年並從事性教育推廣20多年的婦科醫師，真的要肯定並敬佩潘醫師的用心；此外，書中還介紹口交、愛撫、叫床等親密關係的常用技巧，可說是一本全方位性愛小百科。

　　真心推薦女性朋友讀這本書，它絕對能讓妳未來的人生更精彩；男性朋友也應該看，你才能知道為什麼她想的跟你不一樣，自然也可以幫助你們擁有更美好的性愛生活。

　　祝福潘醫師的這本書能為眾多女性朋友帶來高潮迭起的幸福人生！

鄭丞傑

高雄醫學大學醫學系教授
高雄醫學大學附設醫院前副院長
中山醫學大學董事
台北醫學大學醫學系教授
美國性學學院院士
台灣性教育學會榮譽理事長

性愛如此美好，怎能不享受？

──潘醫師讓女人及男人都享受更細膩、 更滿足的性愛

　　日本近年流行女醫教女人乃至男人做愛，女人讓女醫指導性愛的好處，是比較不會害羞，而且女醫會站在女人的角度來考慮各種生理及心理需要，而男人至今都是聽男性專家的指導，往往欠缺女人的角度，也會出現一些男性無法真的得知的盲點，因此女醫們的性愛教學非常有人氣；但讀了本書，則推翻了我或許多日本人認為女醫才適合指導性愛的偏見。

　　潘醫師顯然對性愛的研究除了婦科醫學的專業觀點外，從心理乃至社會、歷史等各種角度切入，有至高至上的說服力外，最令人驚訝的是潘醫師宛如是日文所說的「兩性具有」，並非超越性別，而像是有兩種性別的超絕能力，隨時站在女人或男人立場來深入提供最佳的性愛指導，從字面也可以感受到潘醫師本身是性感而熱愛性愛的人。

　　雖然本書隨處都提供給男人如何做好愛的絕竅，但更多的是提示女人應該要更主動，在床上可以採取主導性，更積極地做

愛，而不需要只是被動地等男人，不是只有被做愛；如潘醫師所指出的，女人是性愛的強者而非弱者，女人沒有勃起等明顯可見的壓力，其實是可以更有餘裕地來引導男人做愛。

許多日本女人在做愛時很有沙必死精神，是所謂的「奉仕型」；雖然很多男人是以愛撫女人、讓女人衝頂而有成就感、滿足感，而女人其實也會因為自己愛撫男人、幫男人口交，男人因此有感，女人自己也會亢奮的，因此這些「奉仕」，並非女人犧牲奉獻，而是女人因此更能享受性愛，感受到男人的性愉悅是受自己操控，女人也另有快感的。

日本女人近年很明顯地對性愛向前跨了很多步，越來越主動，從諸多現象可以看出來，像是女人專用的情趣玩具市場不斷擴大，女性AV導演多人誕生，不斷製作女人專用A片，專拍女人用A片的帥哥型AV男優人才輩出；男人止步的女性自慰吧或女性自慰雜誌出現等等；女人非常明白女人的性愛需要跟男人不同，堂堂主張自己的需要，女人跟男人到東京秋葉原的情趣玩具百貨店一起選用各項情趣玩具也逐漸日常化，女人也對賓館、摩鐵等的性愛場所有強力的發言權（也因此所有這些設施都以討好女人為主），女人不再對性愛保持沉默了。

女人不斷強調自己性慾的存在，以前許多男人會拿自己性慾

很強當藉口，四處偷吃，但現在也有許多日本女人會說「我的性慾特別強」，無法控制，也無法只滿足於一個男人，到處找一夜情，把男人當作發洩性慾對象，性與愛分離。

日本女性雜誌動輒推出性愛專題，女人對性愛非常關心，尤其許多不起眼或看來端正賢淑的女人，或許因為某種契機，被喚起至今沒開封的性慾，變身為沉溺於性愛，為了性愛什麼都願意做，不再過度故作矜持，而好好去面對自己的性慾；江戶時代有大岡越前詢問母親「女人到幾歲還有性慾」，母親指著火缽的灰，表示女人的性慾需求到化成灰都不會枯竭；女人的確至死有強烈的性慾，因此不容男人忽視。

如本書費了許多篇幅所描述的，性愛是如此美好、重要，不僅是從紓解性慾如此消極的觀點應該做愛，性愛的比重原本是跟享受美食是人的兩大基本本能與慾望，但是現在許多男女逐漸把性愛拋在腦後，只剩下食慾，這是多麼暴殄天物的可惜的事！如本書所寫的性愛可以玩的體位及角色扮演、道具等花樣無限，是不會輸給美食，因此慾望最好平分在食色兩者上。

在長壽時代，性愛也是最佳的回春良藥，保健之必要，比起吃各種養生藥品或拼命設法防治認知症（失智），或想要抗老等，其實只要持續做愛就行；許多日本女人甚至擔心不做愛會生

病，導致荷爾蒙失調，也有更積極想靠做愛來治百病，而且如潘醫師或許多醫學研究所證明，日本女人這種感覺並非錯覺，而是精準的本能，而且持續做愛，也讓幸福泉源不斷，期待因為本書的問世，日本人，尤其熟年的「做愛做到死──到死都做愛而且做愛做到欲仙欲死」熱潮，也能熱到台灣來！

劉黎兒

日本文化觀察家

　　婦產科行醫多年，看過無數女性生理上的病痛，我都能夠一一替她們醫治，並分享她們被治癒後的喜悅；我也見到許多在性生活上過得不順利，因而不快樂的女性，她們雖然身體健康，心情卻不快樂，更是求助無門。其實性生活是感情的起源，男女關係的根本，男女朋友是如此，夫妻關係亦然。

　　性愛活動對一個正常人如同陽光、空氣、水，是日常生活的必需品，是維持健康必要的養分，享受性愛的器官和條件在每個人身上都有，不需外求，只要觀念得到啟發，對於性愛有健康的認識，便會替自己的生命開一扇喜樂的窗，金黃色的陽光會強烈照射進心田，生活會充滿色彩，豐富而明亮，也會照亮伴侶的心靈，彼此的生命都因此而更豐富多彩！

　　女人的身上充滿性的元素，從生理學來看，女人才是性的主體，男人則相對遜色，女人只要把性慾在內心的這扇門打開來，走出去，就能在行動上充分釋放。要知道，主宰男女性關係的不是男人，應該是女人。我要喚醒女人，妳可以主動創造男女的性關係，好好的、大膽的享受性的愉悅，這正是我下筆寫這本書的動機！

　　這本書和坊間早已汗牛充棟的性愛教學書截然不同。傳統探討性愛的書都是以男人主導性交過程，女人完全處於被動，本書

教授的所有做愛姿勢、過程、情境，都是以女人的角度出發，教女人如何委婉的主動引導男人改變性交姿勢，如何調整角度及抽送速度，以及在做愛之前先構思情境，由女性主動發起做愛等等，是一項革命性的創意。

　　物換星移，時代改變，目前單身不婚、單親離婚，或假性單身的女性人口日益增多，這些人的性生活頻率及人口數，應該已經超過仍處在婚姻中的女性，身為一名婦科醫師，喜見女性的性自主意識升高，更欣見女性性自主時代來臨。

潘俊亨

男人在性方面其實是弱者！

撇開心理層面，女人在自己想做愛的時候幾乎隨時可以做，即使是臨時出於男人的要求，只要女人願意，生理上任何時刻都可以做愛，男人可就無法那樣想做就做！兩性情趣，有時候女人想要，男人不一定想舉就能舉得起來，每當發生這種情況，常常令男人懊惱不已。

正因為男人在性能力上無法時時刻刻隨心所欲，所以男人在性行為的態勢上必須採取主動與霸氣，藉此來掌握能夠勃起的少數時機，這正好反映出在男人的潛意識裡，他對性能力是缺乏自信的。霸道正是弱者的表現，不是嗎？

本書打破傳統，有別於過去以男性觀點為主，而是從女性的觀點出發，教導女人在享受性愛樂趣時如何採取主動，如何在很自然的情況下誘導男人產生性致，共享魚水之歡。

以性能力來說，40歲以下的年輕男性，每天射精的次數不會多過兩次，因為每當射精之後的剎那，男人會全身癱軟，為健康著想，一天頂多只能射精兩次；而女性的高潮就似乎沒有限制，一天絕對可以性交5次以上。

新加坡裔華人鍾愛寶，於1995年創下10小時內與80多名男性做愛251次的驚人紀錄，過程更被拍成紀錄片《性女傳奇》（The

World's Biggest Gang Bang），一時轟動國際。（註）這項紀錄是地表上任何一個男人都不可能做到的，那你說女人是不是比男人強很多？

正因為男人在性生理方面是弱者，所以男人在性活動上必須掌握主控權，也就是說，只有在男人想要做愛的時候，女人才能享受魚水之歡！在男權至上的舊時代，男人讓做愛的權力掌控在他們手上，只有當他們性慾來了，想做愛，女人才能享受性愛，若男人不想要做愛，女人也拿他沒轍，遑論主動要求，甚至連想都不能想，多想了，就是邪淫，是罪。

註：鍾愛寶，1972年生於新加坡一個保守基督教華裔家庭，原名郭盈恩。19歲時到英國名校倫敦大學英皇學院修讀法律，赴西方求學後，薰染自由氣息，性觀念逐漸變得開放，交了多個男朋友，亦曾不幸遭到輪姦。她於1994年放棄法學位的修習，前往美國修讀藝術，她自言為了開拓新女性道路，兼為了賺取學費，而投身成人影片事業，並一炮而紅。

她後來接受製片商提議，製作一部馬拉松群交紀錄片，片中數十名男性分成每五人一組上台，當一人與鍾愛寶做愛時，其餘四人觀看，五個男演員輪番上陣，但這項金氏世界紀錄於一周後被一名非洲女性打破。

被問到為何想這麼做時，鍾愛寶說：「因為這樣做很有趣，就好像在嘲弄那些會與任何動物發生性行為的登徒子。」鍾愛寶的母親一直無法接受女兒如此驚世駭俗的言行。

　　其實男人之所以不想要做愛，背後也許隱藏了　個他不想說的原因，正是當時他沒有能力勃起。

　　大多數人並不知道，女性即使當下有了性愛的慾望，而身邊男人的生理狀況或情境若不能配合，她只有認命的等待，久而久之，便在女人的內在形成一種心態上的弱勢。女人無法按照自己身體與心理的需求，主動去實現對性慾的渴望，只能被動等待，這樣的心態加上男人在社會上掌握了政治、經濟、教育、文化，近乎全部的話語權，使女人從小被灌輸「女人在性活動上是男人性需求的被動供應者，不能是主動追求自己生理、心理滿足的需求者」的錯誤印象。

　　近年來，由於家庭功能的需要性逐漸衰退，在許多人的心目中，成立家庭不再以養兒育女為首要目的，再加上離婚者多，女性單身者也愈來愈多，也因為現代社會女性獨立謀生的能力增加，男性在經濟上不再享有絕對優勢，使得女人的性自主意識逐漸抬頭。

　　時代在變，過去我們對性活動的認識、男性主動求愛的觀念也必須隨之改變，這是時勢所趨，我們只是清楚地將它點出來，並且用女性性自主的角度來提出一些建議，讓女性可以在性交的過程中有更多的主導權，讓女人和男人兩方面在性愛過程中都更加歡愉，而不再是「男人有壓力、女人有委屈」，只要兩情相悅，就能把性愛烹煮成一道道美味佳餚，讓人生增添更豐富的樂趣與色彩。

　　本書有別於其他性愛教學書籍，從女性的角度著手，教導妳發掘

自己的性感帶，同時讓妳知道哪裡是男人的性感帶，更重要的是要告訴妳，當妳採取某個性愛動作時男人的感受為何，剖析男人在做愛過程中每個當下的心理狀態，同時建議妳可以採取的回應，以及最恰當的動作和表情，這些建議可以增加妳的情趣、帶動男人的慾望，讓妳們兩人都獲得最大的愉悅。

我們並沒有找到新的性感帶，只是幫助妳去發現，愛因斯坦說過：「我並沒有發明真理，真理早已經存在，我只是去發現它。」人類的性感帶早已經存在，男人與女人的身體構造與功能也是上帝早就創造出來的，我只是幫妳們發掘，提醒妳們用心在做愛這件事情上，因為，做愛對女人與男人的身心健康都大有好處。

事實上，做愛是用最少經濟成本就可以獲得最高效益的事，做愛的樂趣唾手可得，且單憑一己之力就能變化無窮，創造源源不絕的快樂，增進生活情趣，使生命變得多彩多姿，充實且有意義，何樂而不做愛！

Chapter **1**

女・性

性解放

　　東方人對性事向來保守，尤其是女性，千百年來都是「只能做、不能說」，崇尚儒家思想遵奉禮教的華人更是如此。

　　但西風東漸，受到西方思潮的影響，東方女性漸漸從深閨走出，進了校園，走入職場，融入了社會，一點一點爭取屬於她們的權益，且在各領域的表現一再拔尖，這些積累對女性集體意識有了重大的催化效果，她們的自信愈來愈強大，於是，社會呼喊兩性平權的聲量，從1、2、3……，一路竄升，直到不能被人忽略。

　　在女性思想解放的路上，各類呼喚女性勇敢做自己的運動，不斷在社會各階層如潮水般湧現。1994年，國內一位女性學者重磅喊出「我要性高潮，不要性騷擾」，為這項女性解放運動再向上推升了一個層級。

　　在那之後，性，對女人而言，不再是「只能做、不能說」，而且不只要說，還要深刻探討，要清清楚楚、明明白白，女性不能是男性發洩性慾的工具，做愛更不只是為了人類的生殖繁衍，更不是「男人說了算」，現代女性，要從性愛中得到樂趣與滿足！

　　而要解剖女人的性慾，可先從東西方歷史上幾個情慾自覺的代表性人物說起。

●埃及豔后

　　埃及豔后，克麗歐佩脫拉（Cleopatra）七世，古埃及托勒密王朝的末代女王，她短短38年的人生，充滿了光和熱，甚至在兩千多年後的今天，仍為人津津樂道。她不只對權力熱中，更懂得運用女性魅力從男性身上攫取資源，甚至，她是個很懂得性生活的人！傳說她每天要有兩次性高潮，並且她是距今為止，所瞭解到的最早使用按摩棒的人。

　　據說埃及豔后的性慾極強，不僅勾引過古羅馬帝國的凱薩大帝（Julius Caesar）和凱薩的繼任人馬克・安東尼（Mark Anthony），當她身邊沒有男伴時，她還會用「震動盒」來滿足自己。她讓僕人捕來蜜蜂，然後把牠們聚集在把果肉挖空、削薄、曬乾，再鑽出一個小洞的小椰子殼裡，然後她把果殼放在陰蒂上，並搖晃椰子殼，讓蜜蜂在椰殼裡盲目衝撞，藉由震動享受自慰的樂趣。

在那個女權被極度壓抑的年代，克麗歐佩脫拉七世能有這樣的心氣及對情慾的坦然，即令在兩千多年後的今天，仍是許多人所不能及，她的視界及勇氣，確實令人佩服。

●武則天

我們熟悉的「一代女皇」武則天，即使到了70歲，仍然「齒髮不衰，豐肌艷態，宛若少女。頤養之餘，欲心轉熾」，這幾句話說的是，高齡的武則天依然牙口很好、頭髮茂密，肌膚吹彈可破、姿態妖嬈，像少女一般，而在安養天年之時，色慾之心竟然愈來愈旺盛。為什麼會這樣呢？因為武則天養了一批能伺候她身心的「男寵」，包括張易之、張昌宗兄弟，及柳良賓、侯祥、僧人惠范等多人，這些人都是以「陽道壯偉」（即陽具異常巨大）深得武氏寵愛，而這些男寵大都是經過太平公主親身試用之後，再推薦給武則天的。

武則天向來把滿足性的需要當作養生保健的重要手段。後人分析她能高壽，除了接受佛家和道家的養生思想與學說，注意飲食起居和思想調節，並重視導引術等體育活動之外，最重要的一點是與她晚年在性生活過得活潑離不開關係。

男寵，又叫面首，也就是給貴婦人當玩伴的美男子。權力是最好的春藥，且地位愈高、權力愈大，這種來自身心的蠢動就愈強烈。西元683年，唐高宗病逝，武則天掌權，身心大為放鬆，久經蟄伏的生理慾望在權力的刺激下再次啟動，於是，男寵成為武則天寡居之後的必需品。

現代醫學已經證明，男性的精液有美容養顏和常保青春的奇效，這其實在武則天身上老早就得到印證。有了性愛的滋潤，武則天精神煥發，盡力施展治國才華，為唐朝的開元盛世打下了堅實的基礎。

● 慾望城市

　　HBO叫好又叫座的影集《慾望城市》，描述四個都會女子的單身生活，其中，「慾女」莎曼珊·瓊斯（Samantha Jones）是個個性開放的真性情熟女，她常常不避諱高談性事，但因為不扭捏直率的演出方式，贏得許多觀眾的讚許，並成為該劇中最受喜愛的角色，以下是一段她關於性事的經典劇情對話。

　　「好了，我準備好了，讓它進來吧！」莎曼珊撩起裙擺，張開雙腿，對著在她身上的男人說。

　　「已經在裡面了。」這個男人一邊在她身上抽動一邊回答，聽聞此話，莎曼珊一臉錯愕。

　　做愛結束之後，莎曼珊走進浴室，對著鏡子大哭，她質問上帝：「為什麼？為什麼？為什麼我感受不到它的存在？我是真的很喜歡他呀！」

　　這大概是《慾望城市》中最令人印象深刻的劇情之一。編劇以幽默的方式，描述莎曼珊式的悲喜劇，並技巧地帶出第三波女性主義的當代課題，也

就是女人要真實面對自己的性慾！

　　對莎曼珊而言，讓自己「性」福是唯一的真理。她追求慾望，慾望讓她感覺自己還活著；她也對自己的行為負責，及對她所愛的人投入全然的信任與熱情，她毫無避諱地指出，真正的幸福來自於對自我的認識與追求。

　　像莎曼珊這樣以熱情來探索人生的過程中，或有快樂或有失落，但她無畏以自己的幸福為前提，勇敢的活出自己，並大聲地說：做女人真好、享受性愛真好。

　　除了莎曼珊，劇中還有許多關於性愛情節的描述，像是莎曼珊因為男友的「小弟弟」太小，只好使用按摩棒來滿足自己；夏綠蒂與男友分手後也嘗試使用按摩棒；莎曼珊還會拿身體按摩器來當作情趣用品，有一回按摩器壞了，因為商品還在保固期限，於是她到店裡要求更換，店員讓她自己去挑一個，她到商品陳列處時看到很多女生也在挑按摩器，且大家都是要拿這種按

摩器來當按摩棒使用，因為經驗豐富，她看一眼就能知道某個產品的震動力是否足夠；還有一次，米蘭達請了一個老太太來幫忙照顧小嬰兒，思想保守的老太太來到米蘭達的住處後，把她的情趣用品通通收了起來，還為她放了一本聖經。

類似的關於性愛描述的情節在該劇中比比皆是，由於這些言行再再擊中現代人想要又不敢去做的要害，加上幽默直白的表達方式，讓觀眾心領神會，難怪能紅極一時，只能說，真不愧是「慾望城市」（Sex and the City）！

女權運動

女權運動(feminist movement)又稱為「女性解放運動」或「女性運動」，與共產主義和法西斯主義同列20世紀影響世界最重要的思潮。女權運動初起時與反封建運動相結合，它雖然早在法國大革命時就出現，但直到19世紀中葉才開始壯大起來，它主要的發展歷程如下：

第一波：當時婦運為爭取與男性在法律上享有平等的權利和機會，例如投票權、受教權、就業權、同工同酬等，這一波女權運動的主訴求是「人生而平等」。

第二波：這波婦運的口號是「放下奶瓶，走出廚房」，且認為女權不彰的罪魁禍首就是「家務」，因此大力鼓吹女性進入職場，這一波運動帶動了「離婚浪潮」和「褓姆需求」。

第三波：強調「身體自主」和「情慾解放」，除了推行避孕外，合法墮胎成為這波婦運的一個主訴求。「身體自主」表明女性有權獨立做選擇，決定腹中胎兒生命的保留或去除；「情慾解放」則在「試婚」和「同居不婚」等議題有相當大的斬獲。

●凱薩琳・米雷

《慾望・巴黎——凱薩琳的性愛自傳》一書以寫實無諱、赤裸裸的大膽性愛描寫轟動全球。

凱薩琳・米雷（Catherine Millet，1948～），法國知名藝術評論雜誌《Art Press》總編輯，她是國際藝術界擲地有聲的意見領袖，曾擔任威尼斯雙年展總監，其影響力不限於她專長的藝術領域，她探討當代人性愛態度的作品也引起社會各階層的熱烈迴響。

她在書中赤裸裸的描寫她同時和多位男人性交的過程和美好滋味，「我發現每種形式的陰莖會需要我用不同的姿勢，甚至不同的性行為配合，而且，每次交合我都得重新適應另一種皮層，另一種肉色、另一種毛髮、另一種肌理，……對於我認為真正有男性本色或有些憔悴的身體，我會比較服從，面對形象比較女性化的厚實身體，我會採取比較主動的態度，而每個軀體本身的複雜性，似乎造就它獨有的性愛姿勢。」

「只有在我褪下洋裝或是褲子時，我才會真正覺得放鬆。『裸體』是我真正的外衣，它才能提供我庇護。」

「我最喜歡的樂子之一來自於男人的陰莖滑入我的大陰唇後，硬挺，漸漸將兩片陰唇撐開。在猛然衝刺前，讓我有時間好好地體驗被撐開的感覺。」

「在麗池廣場上的一家三溫暖內，我幾乎整晚都沒有辦法離開，一直待在一張大沙發或一張擺在房間中央的大床上。我的頭對著伴侶的私處，這麼一來我可以一邊吸吮他的老二，同時抓著扶手，搖晃著另兩根陰莖。我的腳被抬得很高，那些滿腔興奮的人一個接著一個進入我的屄裡。」

「躺著的話，當一位男子抬高臀部以騰出空間在我的陰部裡運作的同時，其他幾個男人能同時撫摸我。他們在我身上一小部分一小部分地扯弄著：一隻手在我的恥骨上畫圓圈，另一隻手輕輕掠過我的上半身，有的男人則喜歡逗弄我的乳頭……，除了陰莖進入以外，這些愛撫讓我感到很快樂，

特別是那些在我臉上遊走的陰莖，或是在我胸部上摩擦的龜頭。我喜歡順手拿起一根陰莖放在嘴裡，用嘴唇在上面來回摩擦。當另一個人從另一邊過來，用陰莖在我緊繃的脖子上吵著時，我就會轉過頭接受那根新來的老二，或是嘴裡一根，手裡一根。」

「有些男人甚至喜歡把女人（我）的腿拉得很開，想要看得更清楚，並且插得更深入，當他們讓我休息時，我陰道感覺麻痺，在僵硬、沈重、略微疼痛的陰道內壁還留著所有曾逗留其中的性器的某種痕跡，令人感到愉悅。」

「我曾經和一位攝影師發生關係。這個男人會久久地親著我的陰部，他的舌頭柔軟但卻充滿感情地動著，小心翼翼地撥開陰唇上所有的皺褶。他知道要在陰核周圍纏繞徘徊，然後在開口那

裡像小狗一樣大口大口地舔。當我需要他的陽具來癒合這慾望已經高漲不已的開口，他終於進來的時候是那麼的溫柔，那方式和用舌頭一樣的謹慎。」

「好幾雙手在我身上遊走，而我則抓住幾根陰莖，頭左右擺動輪流吸吮著，另有幾根則推進我的腹肚裡。所以我一個晚上大概輪流跟二十幾個人性交。」

「當我嘴巴裡裝滿鼓起來的陽具時，那是一種多麼心醉神迷的狀態，其中一個原因是因為我的快感和另外那個人是一模一樣的，它越硬挺，呻吟聲，喘息聲，鼓勵的話語就越明顯，似乎將我自己性器官深處的慾望更具體化。」

（以上引自《慾望・巴黎——凱薩琳的性愛自傳》，2003年，商周出版）

以上是她對自己以口交享用男人陰莖的感受的描述，並非虛構的小說情節。可貴的是，她忠實描述自己的親身經驗，這種坦白且大膽、豐富多彩的性活動，加上她在社會的地位，是引發世人驚訝、高度興趣及討論的原因。

這本書因為寫實、大膽的性愛描述而轟動歐陸，並已在全球發行20多種

語言版本，在眾多書展中也引發討論熱潮，被喻為「史上第一部毫無保留描繪女性性愛慾望的情色經典文學作品」，除了在法國激起熱烈探討與反思，也掀起了全球對情色文學乃至女性情慾自主的重新檢視與探討。

　　凱薩琳‧米雷從不避諱她著迷於性愛，尤其是群交，她也從不放過任何一個能讓她享受性愛的機會，最重要的是，在每一次性愛的過程中，她不僅是一個參與者，也是一個觀察者，更勇敢地把這些觀察及感受透過她專長的文字寫成書，傳達給大眾，鼓勵女性解放自己，享受性愛的樂趣。

　　她自認長得不美，胸部不大，但她說，與她交手過的男人，對與她的性愛經歷總是念念不忘，她的自信來自於，對於性愛這件事，她總是毫無保留的敞開自己，從生理到心理，把做愛當成享受，更重要的是，這麼做的目的不為滿足男人，而是讓男人滿足自己。

　　同樣身為女性，對於性愛的觀點與對滿足個人性慾的做法，不妨看看別人的想法和妳有什麼不一樣？

關於凱薩琳‧米雷：

- 她不吸毒，和她做愛的男人們也都不使用毒品。
- 她有幾個熟悉的男朋友會在她的同意下替她安排男人和她辦性愛聚會，她通常是唯一的女人，她可以安心恣意享受無止盡的性愛！
- 每一次參與和她性交的男人多數她並不認識，她也不去知道他們的姓名。
- 所有和她一起性交的人都純粹是為性享樂，沒有金錢交易。
- 她是高級知識份子，在專業領域有受到肯定的貢獻，在職場上有相當高的地位。
- 她有正常的婚姻及夫妻關係，她的丈夫欣然同意並支持她的行為，不僅鼓勵她寫作出版，且協助提供一些意見。
- 她的行徑淋漓盡致的實踐了許多女人想望而不可及，在潛意識裡存在的夢想。

女人**性**自主

　　當全球掀起第三波女權主義狂潮，「身體自主」和「情慾解放」成了現代女性追求自我的一條不歸路，連電視名嘴呂文婉也在電視節目暢談維繫男女關係的要件——性器合不合，顯見性愛的重要性。而要享受性愛，又不能被傳統家庭觀念綑綁住，懂得避孕成為一件很重要的事。

●自我管理的第一步：有效避孕

　　猶太裔化學家翟若適（Carl Djerassi）與米若孟次（Luis E. Miramontes）、若森昆茲（George Rosenkranz）在1951年發明口服避孕藥，對女性欲追求「性自主」而言，可說是歷史上最偉大的發明了。在此之前，沒有任何避孕的方法，女人若是

未婚懷孕或是寡居懷孕，在當時保守的社會無疑會受到來自四面八方的嚴厲指責，自從避孕藥問世後，它拯救並改變了許多女性的命運，促使女人的性意識得到進一步的解放。

作為一名婦產科醫師，關於避孕，我要推薦最有效的方式是口服事前避孕藥。育齡女性如果每天按時吃事前避孕藥，成功避孕的機率幾乎達到百分之百，但有些人懶得每天吃，以致避孕效果不佳，為此，醫藥市場近期又推出了新產品──事後避孕丸。

現代年輕人經常因為一時精子衝腦，在沒有安全措施的情況下做了愛做的事，情急之下會去買事後避孕丸（簡稱「事後丸」），希望讓自己不會幸運「中獎」，而這樣做對避孕確實是有效的。事後丸的作用機轉是讓子宮內膜起變化，而妨礙受精卵著床，但這也會擾亂卵巢分泌荷爾蒙和子宮內膜的相對應關係，造成子宮內膜不穩定崩落，出現月經不規則性出血。

事後丸偶爾一用無妨，但我不建議經常使用，原因有二：其一，它有時效性，必須在性交後72小時內使用，有效性達84%，若是受精卵已經著床就無效；再者，它存在著會使經期大亂的副作用！

以下這兩句話說出了很多人的心聲：

對想要快點懷孕的人，排卵日是高掛紅燈籠的好機會；

對不考慮懷孕的人，排卵日是十字路口禁止闖越的紅燈。

享受性愛必須排除後顧之憂，若不想懷孕，就要懂得如何避孕，所以我要教妳如何正確計算排卵日！

許多人普遍認為排卵日是「兩次月經中間那天」，其實這並不正確！

卵子排出後，卵巢會分泌黃體素長達14天，黃體素有安胎的作用，但是只有14天的期限，如果受精卵沒有成功著床，14天後黃體素就會立刻停止分泌，子宮內膜即會全部崩落，成為月經。

所以正確計算排卵日的方法是：

下次月經來那天的日期往前減去14天，即，

原來月經週期是28天來一次，則28天－14天=第14天排卵，

若周期為30天，則30天－14天=第16天排卵，

周期是35天的則是，35天－14天=第21天排卵，

周期25天的是，25天－14天=第11天排卵。

要從月經來的第一天算起，才能確認正確的排卵日，這樣知道了嗎。

● 自我管理的第二步：遠離病源

女生享受性自主，除了要懂得避孕，還要愛惜自己的身體，遠離病源。我不打算在此做衛生教學，因為那會很無趣，我僅提出幾個常見的性病，提醒女生們嚴加防範，因為要擁有歡愉性愛的必要條件，就是要有健康的身體，千萬不要因為大意染上了性病，那就麻煩大了！

性病是指經由性交傳染的疾病，以下是我在行醫時常見到的性病：

1.尖端濕疣（condylloma）：俗稱菜花，這是最常見的，患者大部分是因為和罹患菜花的性伴侶發生性關係而被傳染。菜花的感染力很強，不易根治，通常長在女性的陰道口及肛門周圍，有多重性伴侶的人染病機率比一般人高出50%，病原大部分是人類乳突病毒（HPV病毒）6及11型，HPV病毒在人體的潛伏期為1～3周左右，在這段空窗期間如果與他人性交，便有可能轉傳給他人，使人染病。

2.淋病（Gonorrhea）：它是因感染奈瑟氏淋球菌（Neisseria Gonorrhea）而引致的生殖泌尿道或身體其他器官，甚至全身性的感染症，傳染途徑主要是性接觸，是最古老也是現今最常見的性病之一。女性若遭淋球菌感染，可能造成陰道、子宮頸、骨盆腔炎，輸卵管若發炎可能造成子宮外孕，子宮外孕嚴重者可能致命！

性伴侶如果經常出入風月場所，很容易被感染淋球菌，所以，如果妳的男伴尿道口紅腫，有黃色或黃白色分泌物（膿液）流出，或是他抱怨排尿時會疼痛，妳就有必要跟他兩人都去看醫師，因為男性罹患淋病而無症狀者有55%，女性則有近九成不會出現任何症狀。

3.梅毒（Syphilis）：這是最古老也是至今仍舊存在的性病，主要經由性交接觸，也可能經由輸血感染，但絕大多數是男性進出風月場所被感染，如果女性的身體有傷口而接觸到染病者的精液，即有可能被傳染。

4.愛滋病（AIDS）：全名為「後天免疫不全症候群」，「是acquired

immune deficiency syndrome」的縮寫，它是由感染愛滋病毒HIV引起。愛滋病毒進入人體後，專門攻擊人類CD4淋巴細胞的白血球，使人體逐漸喪失免疫能力。根據我國疾病管制局2016年10月份的統計，經由男同性戀性行為導致感染愛滋病的人數為197799人，佔所有感染人數的59%，而異性間經由性行為染病的人數為5717人，佔所有感染人數的17%；另外，使用毒品者因為共用針頭而造成感染的人數有6959人。由此可見，不是只有同性戀會感染愛滋病毒，男女之間的性交也有很高的比例會相互感染！

醫師的殷切告誡與再三叮嚀：

如果妳是單身女性，要慎選性愛對象，以下列出幾個原則務必遵循：

1.切忌一夜情式的性愛，與陌生人上床，妳不瞭解他的性格、背景，會讓自己陷入不可預知的危險，如果對方有性病，妳因為貪享一次短暫的歡愉，造成重大遺憾，實在得不償失！

2.如果妳的男性性伴侶另有其他女性性伴侶，要確認對方交往的對象性生活是單純的，確保自己不受疾病傳染的風險。

3.勸阻妳的男性性伴侶出入風月場所，若是他無法遠離，則妳應該堅持在性愛時替他戴上保險套。

4.遠離毒品，並堅拒毒品雜交轟趴的邀約！從最嚴重的愛滋病，到最普遍的菜花，在這類聚會中被感染的機率都非常高，共用針頭注射毒品更是愛滋病毒最常見的感染途徑。

5.如果妳自己同時有多個性伴侶，妳應該更嚴格檢驗每個男伴的健康狀況，否則經由妳的媒介，若有一人得病，可能害得大家都得病！

保險套的歷史

亞洲在15世紀以前就有關於保險套的記錄，中國當時稱為「陰枷」，由絲綢紙浸油或羊腸衣做成；日本的「頭盔」則是由烏龜殼或其他動物的角製成。

歐洲於14世紀末梅毒大爆發時出現了關於使用保險套的描述，它是一片縫成龜頭大小的亞麻布，用繫帶固定在陰莖上，這款保險套經證明能預防梅毒。

荷蘭商人在16世紀早期以上好的皮革製成保險套，這款保險套不同於「頭盔」，是把整根陰莖都套進去。

18世紀的保險套市場持續蓬勃發展，不同尺寸的產品琳瑯滿目，但材料依然是加入化學藥劑的亞麻布及經鹼液和硫磺軟化處理的動物膀胱或腸子，由於當時社會低下階層普遍欠缺相關的衛生知識，且負擔不起高昂的費用，所以只有中上階層才會使用保險套。

1839年人類發現了製作天然橡膠的方法，並將其用於製造保險套，第一個橡膠保險套於1855年被成功製造出來。

19世紀初保險套首次被推廣至低下階層，目的是用於避孕；到19世紀末，保險套已成為西方最受歡迎的避孕工具。

1920年代開始，乳膠被用於製作保險套，它因為不容易破裂且更薄、保存期限更長而大受歡迎。

20世紀初，因為廣告加持，全球保險套銷售量快速翻升；在80年代確認愛滋病能經由性接觸傳播以來，醫界鼓勵人們使用保險套來預防疾病。

現今，全球每年賣出幾十億個保險套，樣式也不斷翻新，兼具功能與樂趣。

女人**性行為**
由**被動**轉為**主動**

　　女人的高潮和男人不同，首先她的優勢是不必有壓力，性交時陰道以逸待勞，陰蒂也不如陰莖勃起有時間的壓力，女人可以放鬆享受一段相當長的高原期，男人的高原期可就沒有那麼長，且在過程中精神是十分緊繃的。

　　一般來說，如果直接刺激女性陰蒂，平均要花20分鐘能讓女人達到高潮，而男人大概只需要刺激陰莖2～5分鐘即可達到高潮，上帝造人真是不公平啊！

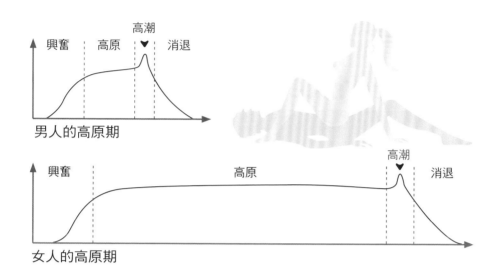

男人的高原期

女人的高原期

　　男女在做愛過程的享受主要是高潮前這段高原期，所有的姿勢變換、技巧施展、情趣製造、高潮蘊釀，都宜在高潮前這段時間。

　　男人做愛時若想持久一些，就會拼命想扼止高潮射精的衝動，相反地，女人這方是一心一意想要向高潮推進，到高潮之前不希望停下來，如果男人太早射精，無異宣告做愛結束，會令她大失所望。

　　若要分析男人做愛時的心理，勃起愈久愈能滿足他的自信心，因為這表示他在床上有足夠的能力讓自己心愛的女人感到滿足，如果總是草草結束，老是讓女人失望，他會深深覺得對不起女伴。

　　也許女人一般不太瞭解男人，男人把性的成就和事業的成就同樣列在人生至高的位階，即使古代的皇帝也不例外。皇帝在事業的地位居於人群頂峰，在性事上也享有絕對的優勢，但仍然上窮碧落下黃泉要尋找壯陽藥，這麼做在於他不單要享受與更多女人做愛，更重要的是，他要讓每個女人與他做愛時都得到滿足。看吧，連貴為皇帝都需要擁有性的成就感！

　　但在性愛享受這件事，上帝真的是比較厚愛女人，女人全身無一處不能

成為男人眼中的性感誘惑，主要原因在於男人對性的感覺是經由視覺而起，有一句成語說「秀色可餐」，或可把它理解成「女人身體的任何一個部位，都可能在男人的驚鴻一瞥之下成為性感帶」！

日本知名作家川端康成在小說《伊豆的舞孃》中，有一段描寫女人在雨中的街道行走，露出一雙被雨淋濕的小腿，顯得格外白皙細嫩，所以男人很自然的在做愛開始時就迫不急待又舔又吻女人的身體。

另外在日本著名漫畫家弘兼信史的暢銷作品《課長島耕作》系列漫畫中，有一段描述某知名跨國大企業老社長特別喜愛吃女人的小腿，他每次下班後便去銀座的居酒屋，她寵愛的女人會把雙足洗得乾乾淨淨，讓老社長把她的腿當珍饈吃，甚至可以把五個腳趾及半個腳掌全含進嘴裡。乍聽之下頗讓人難以置信吧！不過請各位女士們用心瞭解，這些都是男人真誠表現性慾的不同面相。

●性意識覺醒的時代已經來臨

　　女人要在性事上掌握主動，才能夠真正隨心所欲享受性愛。如果女人的心理及行動都自甘陷於被動，只是等待被男人需求，任由男人隨性之所致，那就好像是一塊等天下雨的靠天田，浪費了上天賜給妳的一畦肥沃土壤！

　　根據內政部統計，我國目前單身女性已經數倍於往昔，包括離婚的、不婚的、晚婚的、高齡未婚的女性已經超過半數，且預期往後這個數字還會繼續增加，這些女性必然存在解決性事的需求！

　　現今社會，女人的社會地位已經趕上男人，甚至超越男人。在經濟上，女人不需要再屈從於男人，女人也已經要回身體的所有權，性自主意識覺醒，不只發芽出土，且日漸茁壯長大，性議題已成為兩性平權重要的一塊。

　　但女人享受性自主要謹記：

　　1.女性性生活的樂趣必須由自己去開發，要培養出主動的心態；在實踐上，性愛的時間、進行的過程、場地等，都可由女人來主導。

　　2.由女人來主導性事的過程，男人不但不會生氣，反而會受寵若驚，如獲至寶，兩性在不自覺中角色互換，支配者反轉成為追求者。

　　3.由女人激起的性慾會令男人感受大不同，這種感受會讓男人在不知不覺中忘記過去在床上的高姿態！

　　所以，我在後面的章節要告訴妳如何主動誘惑男人，如何採取主動，讓他如痴如醉，對妳服服貼貼，不再是頤指氣使，心甘情願「俯首為『女人』牛」。

● 女性有安全感，才願意將身體託付給伴侶

就性心理而言，女性覺得有安全感與信賴感時，才會願意將身體全然託付給伴侶。有調查顯示，性行為初始，大約有48%的女性並不願意，但在伴侶的柔情攻勢下，最後有80%的女性會陶醉其中；男性則從取悅女性的過程中獲得成就感，征服的快感在馳騁之際油然而生。當然，假如男性的慾念蠢蠢欲動，由女性主動挑逗的前戲，他們也會欣然接受。

至於前戲要怎麼進行？讓我來告訴妳。

1.發動溫柔攻勢：我們不妨將男女的身體當成樂器，男性在彈奏女體時，請輕捻慢揉，溫柔以待。女性需要情緒和精神上雙重的愛撫與逗弄才能挑起情慾，所以請男士們放慢速度，手口並用，親吻愛撫她的身體，從最遠的肢體向胸乳及陰蒂等重點部位慢慢接近。

2.吻她/他千遍都不厭倦：親吻是最普遍的前戲，兩性都需要伴侶主動、溫柔的探索他們的身體，男人除了可親吻唇舌、耳垂、脖子、背部、乳頭、會陰、陰蒂等一般人熟知的敏感部位之外，也別忽略手指、腳趾、腋窩、大腿內側、手肘及膝關節內側等部位，可嘗試舔舐、吸吮、輕咬等方式，能激起女伴不同的反應；女人也可以反過來做出和男人一樣的動作，主動去探索他的身體。

3.動口也動手：在這個親密時刻，千萬別讓手閒著，用指腹輕輕撫摸、用指尖轉圈圈、指頭輕輕按壓等變化多端的「指技」，可運用在所有能想像到的和有待開發的敏感帶上；同時，別忘了擁抱是最簡單的親密接觸，它每每能使男性汗毛豎起，心跳加速。在親吻的同時，女人可以動手探索男人的下體，主動抓住男人的手，引導他的手來到妳的陰部，他肯定會受寵若驚。

4.盡情馳騁性幻想：女生可以藉由自慰探索自己的敏感帶，因為這時候妳可以無所限制，如果妳想要請周湯豪、金城武、李敏鎬等男神來出任虛擬男主角，也沒什麼不可以？而這也證明大腦是最重要的性器官，因為高潮不僅源自生理反應，也來自心理感覺，不過虛擬男主角最好是遙不可及的人物，若妳幻想的是閨密的男朋友，那就是精神出軌喔！

5.享受性交前高潮：男生也可以用女生自慰的方式幫她自慰，讓她在前戲時達到第一次高潮，這不但能延長性交的時間，也能使女生在性愛活動中享受多次高潮。

6.抓準時機停止前戲：何時該停止前戲呢？從女生咬嘴唇、揮舞雙手、扭動身體、雙腿及陰部的收放、急促的喘息、分泌的愛液，都可得知這時就該停止前戲，開始辦正事，此時的享受真是一刻值千金。

女人必須**自戀**

　　女人要愛自己很容易，可以從認識身體開始，但前提要妳先裸裎面對自己，教妳幾個簡單的方法。

● 裸體照鏡子

每天裸體照鏡子，可以在洗澡時慢慢的、溫柔的、細細的用香皂愛撫身體的每一寸肌膚、每一根體毛，手指尖到哪裡，眼睛就注視到哪裡。

● 裸睡

有句話說：「可以面對自己裸體的人，才能達到真正自在的地步。」

永遠的性感女神瑪麗蓮夢露（Marilyn Monroe），26歲時首次登上《生活雜誌》（Life Magazine）的封面，當時記者問她睡覺時都穿什麼？她說：「Chanel No.5！（香奈兒5號香水）」她的性感自然流露，也讓這句話成為裸睡的經典。

裸睡對於兩性關係，不論是視覺上的刺激、肉體上的誘惑，或就做愛的方便性來說，都是正面的。日本泌尿科醫生在研究男性性冷淡問題時發現，建立裸睡習慣後，男性在性生活方面能變得更加自信，夫妻生活更放得開，

這對促進兩性間相互信賴、提升性愛品質，有良好的幫助。

再就健康來說，由於女性陰部常年濕潤，裸睡能讓陰部充分通風透氣，能減少罹患婦科疾病的機率，而男性裸睡可避免精子因過熱而降低活動力。此外，裸睡對於健康還有以下幾點好處：

1.增強皮腺和汗腺分泌，有利皮膚的透氣和再生。

2.促進血液循環，使慢性便秘、慢性腹瀉及腰痛、頭痛等疾病得到改善。

3.讓血流順暢，幫助更快進入深層睡眠。

總之，裸睡的好處很多，不信妳試試。如果妳想嘗試裸睡，從穿衣睡一下改成裸睡可能會影響睡眠，不妨先試著只穿內衣褲睡覺，看看感覺如何？要從原來穿衣睡覺的習慣改成裸睡，要花幾天時間來適應，而一旦妳習慣裸睡，就很難再把衣服穿回去了！

美國畫家歐姬芙

要説到對身體的自戀，有一位經典人物妳不能不認識。

喬治亞·歐姬芙（Georgia Totto O'Keeffe，1887～1986），她是一位美國藝術家，有20世紀藝術大師的美譽。歐姬芙的畫給人純淨、唯美的感覺，她於1920年代在紐約崛起，至1986年辭世，一生作畫逾80載。她作畫的主題相當具有特色，多以花朵微觀、海螺、動物骨頭、荒涼的美國內陸景觀為主。

歐姬芙生前畫了許多花，有人説她的畫蘊含著「性」，如她的名作「黑色鳶尾」、「紅曇花」、「東方罌粟」等，畫作中花瓣部分使人聯想到女性的陰唇，花心則讓人想到陰蒂。

歐姬芙心性的解放，與她的攝影家丈夫有極大關係。她1920年來到紐約，寄宿在攝影家史蒂格利茲（Alfred Stieglitz）家中的閣樓，紐約市的夏天很炎熱，但閣樓沒冷氣，史蒂格利茲替她買了一架大電扇，好讓她稍解暑熱，但是酷暑仍讓她作畫時汗流浹背，有一天，她乾脆把全身的衣物都卸除，好讓自己能專心作畫，而這個無心的舉動，使她頓時有心靈解放的感覺，作畫時更能盡情揮灑。

某一天，史蒂格利茲走進閣樓時突然撞見裸著身體在作畫的歐姬芙，他心頭為之一顫，職業因素使然，他立刻抓起相機，歐姬芙依然專心地在作畫，史蒂格利茲躺著、站著、蹲著，拍她的正面、背面，甚至躺在地板上從下往上拍。史蒂格利茲從各種角度拍攝歐姬芙的裸體，取她最自然生動的樣子。這樣的人體攝影取材方式，在當時保守的社會，簡直是破天荒的創舉！

「濕黏的紐約夏日，她的胳肢窩長著細毛，乳房尖翹，熱度使皮膚散發熠熠光澤。有點情慾，又像個純真、不沾世俗的孩童。經常出現在歐姬芙臉上的表情

是痛苦，彷彿她不小心被拍到了，一絲不掛，剛由浴缸起身帶著幾分尷尬，史蒂格利茲全攝入了鏡頭。」

「自幼年起，歐姬芙總以為自己過於男性化，一點兒也不迷人，不像妹妹那樣具有姿色。如今看到褪下衣裳的胴體，頓時察覺，原來自己也是如此美麗。的確，她的身材凹凸有致，飽滿的乳房、乳頭細緻而堅挺，纖細的腰，豐潤的臀，修長的雙腿，如同一座羅馬雕像，她的手部比例尤其完美。多年後，歐姬芙再度欣賞那陣子的寫真照，恍然發現：『好像是別人的裸照。』」

紅曇花

史蒂格利茲1921年2月在紐約的安德森畫廊舉辦了一場攝影展，作品中包括45張歐姬芙的裸體寫真，展出才數天，旋即在整個紐約藝文界造成大轟動。當時美國有46州通過法令，管制色情作品展出的尺度，展開的前一天，史蒂格利茲請了幾個親朋好友到家裡來，將攝影作品攤給大家看，現場立刻展開一場關於藝術價值的辯論。史蒂格利茲決定拿掉幾張爭議性的照片，包括歐姬芙陰部的特寫。

黑色鳶尾

　　歐姬芙是美國首次以藝術方式公開展示裸體攝影作品的女性，比海夫納創立《花花公子》雜誌早了32年。在藝術領域，過去不乏裸女的名畫，然而歐姬芙經由攝影，將她的每一寸肌膚、每一根毛髮、每一個表情，完全真實的呈現在世人

眼前，有如親眼目睹，若以攝影和繪畫相較，顯然攝影更具有真實的魅力！

史蒂格利茲攝影的革命性思維是它不拘泥於傳統的人像攝影方式，而是創造性地從下往上、從上往下，360度環繞拍攝女體，讓人們可以從不同角度欣賞女性身體的全貌，而女性也同樣可以看到自己身體的全部，也因此，歐姬芙才能發現自己的美！這正如同經由齊柏林的空拍，才讓我們發現台灣的美一樣。

史蒂格利茲的另一個創舉是他把照相機的鏡頭拉到模特兒身體的局部，如乳房、腋下、腰臀曲線、修長的腿，最特別的是許多陰部放大的特寫，好似近拍一朵

東方罌粟

蘭花，重重疊疊的花瓣、花蕊，想必帶給歐姬芙內心前所未有的震撼！若非經由照片，誰能有機會如此仔細端詳自己的陰部呢？這種震撼直接射入了歐姬芙的潛意識深層，反映在她後續花系列作品的構圖！

（取材自《創造永恆的美——美國女畫家歐姬芙》，Jeffrey Hogrefe著，毛羽譯，方智出版，1997年）

歐姬芙來自美國中北部有「奶製品之州」稱呼的威斯康辛的一個酪農家庭，父母經營乳牛牧場，那是一個相對保守的社會及成長環境，她因為喜歡繪畫，隻身闖進繁華的藝術之都——紐約，正因為親身經歷這種喧嘩與純樸的撞擊，歐姬芙開始解構自己，從深層探究，回歸原始，並試圖讓所有世間形象真實展現。有了這樣的領悟，當她再面對肌體，毫無懸念，只剩下藝術的視角了！

● 裸體攝影──抓住瞬間的永恆，發現自己

　　當妳看到美麗的夕陽，會拿起相機或手機迫不及待把它拍下來，當時的心情是想把美好的景象留住並保存下來，以後可以重複再看，也可以和好朋友分享。存留影像可以「再現」、「分享」及「保存」，正是攝影的原始動機與目的。

● 裸體攝影雖方便，存放要謹慎！

　　拜手機提供方便之賜，裸體攝影早已悄悄在網路世界風行，有人選擇在鐵路局廢棄的車場拍裸照，有人在鄉下人少的火車站，有人在郊外，自拍或是他拍，也有交換裸照的封閉型網站，拍攝裸照的吸引力由此可見一斑，且一旦開始便會上癮，無法停下來。

　　也常有情侶互拍裸照，或是架設錄影裝置，錄下兩人做愛的過程。但有不少家庭糾紛就是源自存放在手機中的裸照不慎讓配偶發現，這種情形男女都有，所以私密相片千萬要慬慎保管啊！

● 自拍裸照

由於手機已能取代相機的功能，兩個人做愛時拍照的事情已經很普遍，究其原理不難發現，當男人很迷戀一個女人的時候，光是看著她的裸體就會相當興奮，拍下照片一再觀看，便能隨時滿足他的情慾，且做愛時女人的身體性感極了，好看極了，這一刻，男人的眼裡跟專業攝影師沒有兩樣，只想要留住這一剎那的美好，並保存在自己的手機中。

當妳的男人提議替妳拍裸照或是錄攝做愛情境時，妳或許會想要拒絕，但當下妳也可能很欣喜，並與他在事後一起分享。其實事後看這些照片會很刺激，因為做愛當時除非有一面大鏡子，可以窺看自己做愛的樣子，從影像裡，男人會發現女人不同於平常的性感，這種感覺在做愛當下還沒有那麼深刻哩！

為什麼照片中的裸體事後看起來會特別美、特別性感？我告訴妳原因。因為看照片當下的注意力很集中，對照片裡的人印象會特別深刻，好比在電影院看電影，看到的影像會格外清晰，演員的皮膚特別美、特別性感。女生看自己的照片也會有同樣的感覺。

因為照片內容為個人隱私，擁有者有享受特權的滿足感，所以男人特別喜歡替自己心愛的女人拍裸照或錄影，但在此我要提醒所有女生，若被男生要求拍裸照，為了保護自己，要堅持以下三點原則：

1.只以單人入鏡，不要有男人同框。

2.絕對不要拍錄兩人做愛的過程。

3.兩人交往過一段時間，確認對方人格健全且真誠愛妳才能答應。

女人必須在心理上對自己美麗的身體有健康正面的態度，我舉個例子，有某位在國內外演藝圈很活躍且受到敬重，也屢次受邀參加歐洲影展的明星，在初出道時拍攝不少裸體照片和影片，至今仍廣為流傳，對此她一直處之泰然，一如許多好萊塢明星也都曾拍過裸照並公開，於名譽絲毫無損，正因為她們很有自信肯定自己身體的美。所以，私密照片外流是不是會讓人很受傷，端看自己的心態，正如歐姬芙大方的走進藝廊，端詳自己被放大的裸照，把照片純然當作藝術創作，欣賞完畢她又從容的走出來。

● 經由裸照發現身體的美

每逢候鳥過境的季節，熱愛野鳥攝影的人經常凌晨即揹負沉重的攝影器材，成羣結隊上山下海，經過耐心等待，用長鏡頭聚精會神拍下鳥兒美麗活潑或跳躍或靜棲枝頭的珍貴畫面！

同樣的候鳥每年都會在同一個季節來臨，為什麼這些人每年都要在同一時間趕去拍攝同樣種類的鳥兒呢？年復一年可能早已收集成千上萬張照片了，不是嗎？這問得好，但他們說，拍照的樂趣在「抓住美麗的瞬間，使其凝結成永恆」！

攝影家每年都要重複享受抓住鳥兒美麗身影的剎那，且樂此不疲！他們透過鏡頭，拍攝上帝在各類鳥兒羽毛上呈現五顏六色的彩繪，無法停止的按下快門。男人替女人拍攝裸照的心理也是如此，只要開始了，便會不間斷的拍下去。

照片是不會消失的鏡子，妳從照片中看到真實的自己，那才是完整的妳，妳每天不斷用鏡子只是看著臉，而臉只是妳身體的一小部分！

正如經由齊柏林的空拍讓我們發現台灣的美，女人經由裸照發現自己身

體的美，和歐姬芙初次看見自己身體的照片的心情是一樣的，先是驚訝，不敢正視，接下來則是因為好奇而仔細端詳，最後坦然。

透過拍照來「發現自己」可能是很多人未曾有過的經驗，我們過去習慣把眼睛往外面看，往別人身上看，即使照鏡子，最多也只是看自己的臉，我們對自己的認識只是身體的一小部份，其實妳身體的大部分是一塊未經發掘的大草原，有花、有樹、有山谷、有溪澗，而妳並不知道，也因為妳從來不正視它、重視它，妳只用心在臉上的痘痘，在意臉上的皺紋，花錢除去臉上的斑點。從照片中妳會發現，原來身體的皮膚是那麼美好，妳一直疏於照顧它，它卻是比臉還緊實細緻，妳終於明白，為什麼男人總是那麼迫不急待想褪下妳的衣服，想看妳的身體，吻它，撫摸它，擁抱它，而妳自己卻始終忽略它，從來不好好正面去注視它，從來不用保養臉部的功夫來維護它。不要再忽略妳的身體了，拿起手機，切換到自拍模式，馬上和身體來一場親密對話。

拍照的方式可以是自拍或他拍，自拍可拍身體局部，例如拍攝乳房，藉此可細細端詳它的形狀和乳頭的顏色，這讓妳意識到必須用心保養它，譬如使用乳液緩緩揉擦按摩乳房；或是拍攝妳的陰部，仔細觀察這個秘密花園，若發現有變白的陰毛要快點將它染色，有不正常的分泌物應立即治療，當妳開始注視私密花園的一草一木，必然會同時關注陰道的衛生及健康。

當用心注視這些照片，妳會發現自己的陰部美得像一朵花，堆疊的大小陰唇看似蘭花的花瓣，又似生鮮鮑魚，也許在此之前，妳從不曾拿鏡子仔細觀賞它，一直分不清楚哪裡是陰蒂、尿道、陰道，從照片中，妳可以看清楚各個部位，當男人舔它的時候，妳知道他在舔哪裡，也可以指引他如何舔；如果他用手指，可以引導他如何輕柔撫摸，讓妳的享受更淋漓盡致。

為什麼那麼多人做愛要自拍？

從最近頻頻曝光的自拍新聞事件，有大學
女生和男友、空姐和名女人之夫、女藝人和
男友，從影片中被拍攝者觀看鏡頭的方向判
斷，畫面應該是來自預先架設好的手機或是
攝影機，令人驚訝的是，為什麼情侶做愛時
要自拍整個過程？

女人喜歡重覆觀看自己與男友做愛的過程
嗎？是的，根據筆者的親訪調查，受訪者的回答都
是，「那種快樂的感覺和做愛當下不一樣，做愛時看不見自己，也無法看
清楚對方，有肉體的快感卻沒有視覺的快感！」

「看自己做愛的影片比看A片還刺激，因為畫面和自己的身體能很快連
結，迅速重溫快感，令人感覺更興奮！」

「如果發現自己做愛時的動作很糟糕，就會告訴自己下次要改進！」

「男友第一次拿給我看時，感覺很彆扭，現在已經很習慣了。」

「我男朋友說他把影片存在電腦，每天都看，他說每次看都會燃起對
我的慾望，我也把影片存在手機中，有空就偷偷看，夜晚獨自躺在床上，
看了也會很想要，就開始手淫起來。」

「兩年來，我們每個禮拜都約會做愛，也許這就是讓我們感情發燒不
退的原因，我男友也是同樣的看法。只要條件允許，我們每次做愛都會用
手機拍攝，我男友說百看不厭。」

以上都是訪談實錄，也解答了為什麼情侶做愛時要自拍的原因。自拍
做愛的過程的確有助兩人維持戀情的熱度，但要注意的是，影片的保存要
小心謹慎。

美魔女的條件

　　美魔女必須具備的元素，說穿了就是一個字——**騷**。

　　「美魔女」這個名詞源自日本，指35歲以上、才貌雙全的成熟女性，在台灣常常被用來形容一個外貌令人稱羨的熟齡女性。被稱為美魔女，首要條件是看起來必須比實際年齡小很多，身材姣好，懂得打扮，容貌如何其實並不特別重要。而在男人眼中，美魔女最令人激賞的特質在於她的性感與媚力！

　　女人的性感來自從她內在自然散發出來的性氣息，這個氣息能撩起男人的情慾，在她的一顰一笑舉手投足中自然散發出來，就好像花的濃郁芳香能招蜂引蝶，如黑暗中的明火會讓男人如飛蛾奔撲過去。男人不會計較女人過去曾經和幾個男人上床過，也不會在意她目前是否有正在交往的男朋友，即使她身邊已經有人，面對美魔女，男人們仍然會慾火焚身，前仆後繼，赴湯蹈火再所不辭！

　　大部分女人看待美魔女的心情是既羨慕又嫉妒，但男人就是喜歡這樣的女人，這點妳心裡應該很清楚，這樣的女人太危險了，她對妳和妳男人的關係太具威脅性了！妳不知不覺討厭起這樣的女人，因為她們是妳的潛在敵人，但是在妳的潛意識裡，妳又何嘗不想成為那樣的女人！

　　其實，妳也可以成為美魔女。如果妳渴望成為男人為妳赴湯蹈火的美麗女人，我來給妳上一課，以下的要訣妳必須意志堅定，身體力行，才能練就成為一個美魔女。

●美魔女讓男人垂涎的原因是什麼？

　　女人的臉老化得比身體快，許多女人已經50歲了，下半身的肌膚仍然像30歲一樣年輕細緻，性感的體態也不輸20多歲的年輕女性，再加上全身的性感帶經過無數次做愛的經驗，已經大致被開發成熟，做愛時可以更放膽去享受，行為更加主動，這樣的條件相加，於是更能夠激發男人的性慾，使得做愛的過程更有趣，內容更加豐富，無怪乎時下女大男小的配對愈來愈多。

主動，
是女人展現魔力的方式

　　女人把身材雕塑得線條優美，把肌膚保養得細緻嫩彈，讓臉龐光彩亮麗，眼神風情萬千，自然散發出不可擋的吸引力，使男人自動撲向自己，是主動；女人以關心的言語問男人累不累，用溫柔體貼的動作替男人按摩，也是主動。

　　美魔女其實就是具備性自主意識的女人，她會很自然的把自己的性感部位有意露出來吸引男人的目光。譬如藉由服裝展露修長的美腿、潔淨白皙的頸項及酥胸，或是出浴後在房間裡穿著浴袍優雅地橫躺在沙發上。這類製造誘惑人的情境，表面上是被動，其實是主動！

美麗的肌膚也是成就女人魅力的關鍵要素。古典文學中有許多文字用來形容女性肌膚之美，電影中經常看到的做愛方程式，總是男人用舌頭從腳開始往上吻舔女人的身體，「秀色可餐」這個成語不也可以形容男人透過視覺窺看女體來滿足他的慾望！所以性感的女人保養肌膚必須全身都照顧到，從腳底、趾頭，至頭髮、前額，都要無微不至，用心保養得美美的。除此之外，現代人由於性觀念及性行為漸趨開放，口交舔陰盛行，女士們為了不讓色素沉著的陰部嚇到男伴，許多人選擇進行陰部鐳射美白。

美魔女會隨時以性感的身體引誘男人，比如斜躺在沙發上，妖嬈地把雪白的腿伸向男人的嘴邊，主動要男人親吻她的腳、撫摸她的大腿、舔她的小腿，或進一步要男人用舌頭輕舔她的陰唇和陰蒂。女人們切記，當男人愛撫舔吻妳的身體，讓妳享受時，妳務必要很自然的發出呻吟聲，千萬不要悶不吭聲沒有回應，如果跟條死魚一樣，男人的興致很快就會疲乏消失。

女人們，想要男人疼，就要改掉過去保守靦腆的心態，主動示愛，並給他熱情的回應，歡呼收割的人當然是妳！

私密處美白雷射

女性的陰部因為衣著透氣及散熱差而導致摩擦，或是因為陰道感染，都會造成該處肌膚黑色素沉澱，使得私密處膚色變黑，這個讓許多女性困擾的問題，如今由於美容醫學進步，只要透過雷射，就可以讓私密處顏色變回粉嫩。

私密處美白雷射是利用雙波原理，透過組織凝結熱效應，來刺激膠原蛋白新生與重組，屬於非侵入式治療，所以無傷口、無痛感，手術過程僅需15～20分鐘，非常安全。因為不會造成傷口，所以不需要恢復期，治療部位若術後有紅腫的現象，可透過冰敷加速消退，治療後1周內避免使用護膚產品，只需塗抹防曬乳液即可。

呻吟，是女人對男人努力付出的快樂回應！

女人的呻吟聲是給男人在床上努力付出的最好回饋，這對男人而言是很大的鼓舞，會帶給他很大的快樂和享受，所以，女人在做愛時盡情發出嬌喘的呻吟聲是一定要的！

女人在床上的呻吟聲俗稱「叫床」，但有些女人叫床的聲音太大，穿牆而出，在夜闌人靜時，左鄰右舍都聽得見，若如同A片女演員在陰道被抽送時呼天搶地一樣，就太過度了！

妳先不要片面地說叫床聲都是裝出來的，女性做愛時的嬌喘呻吟大多數還是自然發出來的，我們應該瞭解，為什麼A片中的女人都會發出叫聲？因為這對增添做愛過程的情趣是有必要的，男人都喜歡這套，當他舔妳的陰部，吸吮妳的乳頭，舔脖子、背部、大小腿、全身上下每一個地方，包括用手愛撫時，妳都必須發出聲音，快樂的呻吟聲傳進男人的耳裡，再傳入大腦，這會持續激發他更豐富的快感，男人對於和妳做愛的印象會特別深刻，只要慾念一起，首先想到的就是妳！

當然，妳的呻吟聲必須配合他的動作，或強或弱，或大聲或小聲，或喘息或呻吟或狂呼。順著妳的快感與男人的動作對話，就會性感而自然。

如果妳過去因為害羞而總是不出聲叫床，從現在起就下決心練習，讓快樂的感覺脫口而出，男人將會因此而更加渴望和妳做愛，並且樂此不疲，永不厭倦！

據說武則天的叫床聲能貫穿三個房間，這也許是因為當年的房間多為木造，隔音沒那麼好的原因！但證諸歷史，歷代皇帝最寵愛的妃子都不是容貌最美，而是做愛時叫床喘息、呻吟最令他暢快的那個女人！

現今的美魔女，想增添妳的吸引力，做愛請隨心之所欲，主導過程，讓男人死心塌地順著妳的節奏取悅妳，成為妳的玩物。借問所有正宮夫人，妳會不會叫床？多久沒做愛了？想做女神就要記得，做愛時叫床的習慣是必要的，妳大概不願意被男人評比成一條死魚吧！

「FUCK」的由來

相傳，古代的英國，一般人不能隨意做愛，除非是皇室貴族，不然一定要有國王的允許才可以，所以當人們想要生孩子時，就會去跟國王申請許可證，國王會給他們一個牌子掛在門上，代表他們可以做愛。牌子上寫著：「Fornication Under Consent of the King.（在國王的許可下做愛）」，這幾個字的開頭字母縮寫成「FUCK」，有做愛的意思，沿用至今，變成了一個貶抑辭，有極度冒犯之意，但這可能只是一則趣談，對於「FUCK」這個字的起源，連權威的《牛津英語詞典》（Oxford English Dictionary）都認為其字源已難考究。

回教世界的女孩割禮

在部分回教世界，女孩在4～8歲之間必須進行割禮，也就是割除部分的性器官，目的是免除其性快感，並確保女孩在結婚前仍是處女，甚至在結婚後也會對丈夫忠貞。在非洲的衣索匹亞、甘比亞等國家，幾乎所有女性都必須接受這項痛苦的手術，在亞洲的印尼、巴基斯坦與菲律賓，也有一些女性必須接受割禮。

割禮割除的程度從只切除陰蒂到切除整個器官都有，有人甚至連內陰唇也切除，還縫合整個外生殖器，只留下極小的開口以便排出尿液及經血。

割禮大都在不實施麻醉的情況下施行，通常是以鐵片或小刀執行，因為衛生條件很差，因此極容易造成感染，許多女性因為割禮導致敗血症或破傷風而死亡，但當地的民間信仰卻相信，女性若因割禮而死是「命中注定」。

多年來，國際衛生組織和女權人士對此大加撻伐，但估計目前全球仍有數十個國家存在著割禮習俗，每天仍有幾千名女性被迫接受這項酷刑。

Chapter **2**

性與健康

好好認識妳的**私密處**

　　妳看過自己的陰部嗎？妳對女性陰部構造的了解是來自於書本、網路知識，還是自我探索？要知道，想嘗試美好的性愛，不能對這些知識只是懵懵懂懂，妳必須深刻了解自己的身體，才能知道愉悅的感覺來自哪裡？以下我們就來認識女性的陰部構造。

1.陰阜：為恥骨聯合前面隆起的外陰部分，由皮膚及很厚的脂肪層構成。青春期陰阜皮膚上開始長出陰毛，分佈範圍為尖端向下的三角形區域。

2.大陰唇：為外陰兩側、靠近兩股內側一對長圓形隆起的皮膚皺襞。前連陰阜，後連會陰；由陰阜起向下向後伸張開來，前面左、右大陰唇聯合成為前聯合，後面兩端會合成為後聯合，後聯合位於肛門前，但不如前聯合明顯。大陰唇外面長有陰毛，皮下為脂肪組織、彈性纖維及靜脈叢。在有性行為前，女性的兩側大陰唇自然合攏，遮蓋陰道口及尿道口；自然產後，大陰唇向兩側分開。

3.小陰唇：為一對粘膜皺襞，在大陰唇內側，表面濕潤。小陰唇左右兩側上端分叉相互聯合，其上方的皮褶稱為陰蒂包皮，下方的皮褶稱為陰蒂繫帶，陰蒂就在其中。小陰唇的下端在陰道口底下會合，稱為陰唇繫帶，粘膜下有豐富的神經分佈，感覺敏銳。

4.陰蒂：陰蒂位於兩側小陰唇頂端，在陰道口和尿道口的前上方，是一個長圓形的器官，末端為一個圓頭，內端與一束薄薄的勃起組織相連接，勃起組織為海綿體，有豐富的靜脈叢及神經末梢，感覺敏銳。

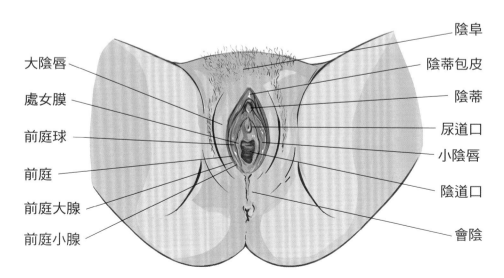

陰阜

大陰唇

陰蒂包皮

處女膜

陰蒂

前庭球

尿道口

前庭

小陰唇

前庭大腺

陰道口

前庭小腺

會陰

從外觀上看，陰蒂是一個很小的結節組織，很像陰莖，功能如同男性陰莖的龜頭。陰蒂在胚胎學上是與男性陰莖相同的器官，在人體解剖學上也有頭部、體部、包皮，甚至可隨性興奮而充血勃起，只是它的體積較男性陰莖小，也不具備直接生殖與排尿的功能，屬退化器官。

由於陰蒂富有神經末梢，感覺特別敏銳，是女性最敏感的性器官，能像陰莖一樣充血勃起，對觸摸尤其敏感，可喚起較其他部位更為直接、迅速、強烈的性興奮、性快感和性高潮。

5.陰蒂包皮：由兩片小陰唇的上方接合處形成，作用為保護陰蒂。

6.前庭：兩側小陰唇所圈圍的菱形區，表面有粘膜遮蓋，形似一個三角形，三角形的尖端是陰蒂，底邊是陰唇繫帶，兩邊是小陰唇。尿道開口在前庭上部，陰道開口在其下部。此區域內還有尿道旁腺、前庭球和前庭大腺。

7.陰道口：由一個不完全封閉的粘膜遮蓋，此粘膜即是大家熟知的處

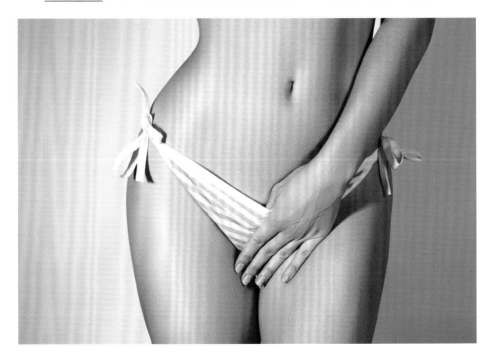

女膜。處女膜中間有孔，經血由此流出。處女膜孔的大小及厚薄存在個體差異，處女膜破裂後，粘膜呈現許多小圓球狀物，成為處女膜痕。

8.前庭球：是一對海綿體組織，又稱球海綿體，有勃起性，位於陰道口兩側。前與陰蒂靜脈相連，後接前庭大腺，表面覆蓋球海綿體肌。

9.前庭大腺：又稱巴氏腺，位於陰道下端，大陰唇後部，也被球海綿體肌覆蓋，如蠶豆般大，左右兩邊各一個，它的腺管很狹窄，開口在小陰唇下端的內側，腺管表皮大部分為鱗狀上皮，僅在最裡端由一層柱狀細胞組成。性興奮時會分泌黃白色黏液，有滑潤陰道的作用，平常檢查時摸不到此腺體。

10.前庭小腺：又稱史氏腺，位於陰道後壁的後方，尿道口底部附近，女性在性興奮時此處會充血。

11.尿道口：位於恥骨聯合下緣及陰道口間，為一不規則的橢圓小孔，尿液由此排出。其後壁有一對腺體，稱為尿道旁腺，開口於尿道後壁，常為細菌潛伏之處。

12.會陰：為陰道口和肛門間的薄膜部分，分娩時能有非常大的延展，讓胎兒的頭部能順利露出陰道口。

13.G點：它是一個海綿狀、像核桃般大小的組織，在陰道前壁約2.5～7.5公分處，以手指伸入陰道內做勾手指動作，可摸到G點。

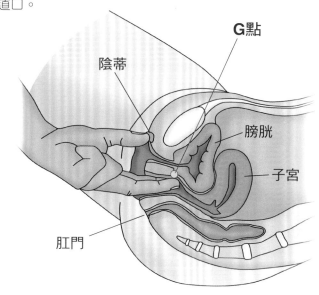

了解了這些，如果還不是那麼清楚，那不妨拿起一面小鏡子，或是自拍，跟妳的私密處來個親近的面對面。

陰蒂是上帝賜給女人獨有的恩賜

　　上帝給人類女性兩件其他動物所沒有的獨特大禮，一件是陰蒂，另一件是可以和男人面對面做愛。

　　先說陰蒂。因為有陰蒂，女人可以手淫自慰，不分季節時間，可以隨時發情享受高潮，其他動物除了因為生殖目的，有陰道快感可以享受高潮之外，沒有陰蒂可以手淫自慰，因此雌性動物的陰部除了生殖，並沒有娛樂功能！試問，妳曾見過非洲野生動物集體坐著舔自己的陰部自慰嗎？當然沒有，讓女人能擁有陰蒂，真的要感謝上帝，讚美上帝！

　　除了賜給女人陰蒂，上帝造物時還給人類一項獨特定義：唯一會手淫、隨時可自慰的動物。再問，你曾看過一羣猩猩在非洲草原的陽光下集體手淫嗎？沒有！所以男人能夠抓住陰莖手淫，也是上帝給男性人類的恩賜。

　　上帝給予人類智慧，又怕人類太無聊，所以在生殖能力之外，多給了人類自娛的功能和工具。但不知道是否有人曾經教猩猩、猴子自慰手淫？或是上帝故意讓牠們學不會，不然動物園裡將天天上演猴子集體手淫，而不是成天爬上爬下閒來沒事打羣架的畫面了。阿門！

　　再來說面對面做愛這件事。因為能面對面，男人可以看到女人臉上喜怒哀樂的表情，在性交的同時會想要讓伴侶快樂，所以會吻她、愛撫她，也因此，女人的身體出現了很多性感帶，男人可以愛撫，尤其在面對面做愛時，女人會情不自禁地撫摸陰蒂來增加快感，男人也可以用手撫弄女人的陰蒂，協助她加快達到高潮！

　　相比其他動物舔不到陰部、只能從背後性交，加上上帝獨有賜給人類女性陰蒂，這兩件事，真的要感謝上帝！

用進廢退，
愈做愈愛

　　女性若長期缺乏正常的性生活或者性壓抑，會導致性功能的廢用性萎縮，陰道分泌物減少或停止分泌，使得抗病能力下降，從而可能引起陰道感染性疾病、子宮頸炎和盆腔炎等。近年來，乳腺疾病的高發人群也開始向年齡較大、未婚、未生育的女性轉移，而這與這類女性長期處於性壓抑的狀態不無關係。

　　長時間沒有性生活的女性容易對性產生淡漠的情緒，使得性功能下降，甚至會提前進入更年期。人的生理功能都遵循著自然規律，當身體覺得這種機能是不需要的，那麼它就會結束使命。

　　性是女性身體裡最晚成熟的生理系統，同時也是最早衰退的系統，人或者動物，總是在性慾最旺盛、繁殖力最強的時候能力最強、最有創造力，這是自然賦予生物的一種繁衍特性，當人的性能力衰退，人也就衰老了，各臟器功能都會進入衰退期。

　　一般來說，女性長期缺乏性生活對身體的危害包括：

　　1.做婦科檢查時會比其他同齡女性更加困難，同時疼痛感也會更明顯。

　　2.會使性情較為壓抑，而當人的心緒較為抑鬱，就會導致睡眠品質不好，睡眠品質差就會使人容易老化。

　　3.陰道分泌物減少或停止分泌，使得抗病能力下降，從而可能引起婦科相關疾病。

　　4.容易對性產生淡漠的情緒，使得性功能下降，甚至提前進入更年期。

　　5.女性在節慾幾個月之後性慾就會完全消失，要重新恢復性生活，喚醒性慾的過程會愈來愈長。即使重新恢復性生活，也會出現因陰道分泌物減少而有疼痛的感覺，同時還可能會有性高潮障礙的問題。

正因為如此，讓不少人以為，女性
的胸部越大，對性刺激的反應越強烈。
事實上這種觀點是完全錯誤的，沒有證
據證明女性胸部大小跟性反應的程度有
關。實際上，女性在胸部被人撫摸的時
候，胸部大或小的反應並沒有差別。由
此可見，胸部大小其實是無須太過在意
的，罩杯大小，其實只是滿足男人的視
覺感官，但在男人心中未必胸部大就性
感，適中而堅挺反而比較重要。

有問必答

Q：女人的陰道會不會因縱慾而鬆弛？

A： 不會。女人陰道彈性限度遠遠大於男性陰莖的直徑，不會因為做
愛的次數多而鬆弛，反而做愛次數愈多陰道會愈敏感。

Q：網路上說早上做愛比較好，是嗎？

A： 不一定！做愛的時間應該
挑在做之前不會過度勞累，且做之
後能充分休息的時間，不一定要在
什麼時段，而是應該配合雙方的時
間、精神和體力，但是男人在清晨
最容易勃起，所以利用清晨做愛是
最佳時刻。

性愛小知識

做愛在於享受過程，
不必強求高潮

男人做愛真正的享受在過程，真正爽的地方在陰莖，陰莖抽送的時間越久，男人享受的時間越長，做愛的姿勢變化多一些，帶給女人的快樂更豐足。

男人一旦高潮射精，就好像戳破脹得滿滿的氣球，頓時消氣萎縮，情緒隨之跌落谷底！所以做愛時女人其實可以只管自己的享受，不必體貼地擔心他不射精，因為大多數男人要持久不易。當然，若是基於以下兩點理由，那就另當別論：

1.期待男人把精液射在自己體內。

2.有征服這個男人的滿足感。

增強女人性慾的超級荷爾蒙DHEA

DHEA（Dehydroepiandrosterone，去氫皮質酮）的作用包括強化肌肉、穩定產生性荷爾蒙、維持礦物質平衡、擴張血管、預防老化等，和雌激素、雄激素一樣，有回復青春的功能，因此有「抗老仙丹」、「荷爾蒙之母」、「超級荷爾蒙」、「青春激素」等別名，它不但能提升更年期停經女性心理及生理對性的渴望，同時也能提高陰道壁伸縮脈衝及陰道的血流量，改善女人性冷感、增強女人性慾，且可長期服用。此外，它對人體也有其他好處，例如，防止骨骼老化和動脈硬化、促進輸卵管發育，對腰痛、膝痛也有一定的改善效果。

寶貝妳的**私密處**

　　女性生殖器的解剖構造，除了肉眼很清楚就可以看到的大陰唇外，如果把大陰唇掰開，就會看到小陰唇，再由上而下就會看到陰蒂、尿道口和陰道口。

　　如果從側面來看女性生殖器官的結構，可以看到陰道、子宮與其他器官之間的關係。子宮位於骨盆腔中間，前方靠近腹側的是膀胱，靠近背側的是直腸。很多女生在懷孕時會頻尿，就是因為子宮變大，壓迫到膀胱的緣故；也有女生在懷孕時痔瘡發作，這也是因為子宮變大，腹部壓力變高，導致肛門和直腸附近靜脈曲張所造成的。

● 陰道分泌物

　　巴氏腺（大前庭腺）位在陰道口附近，會在性刺激時分泌一些黏液狀的物質，而子宮頸和陰道內也有一些腺體會產生分泌物，讓陰道保持正常濕潤。

　　陰道分泌物在不同的生理週期會產生變化，例如在排卵期，分泌物通常會變得比較黏稠，有時會像生蛋白樣。如果妳在小陰唇的皺褶上看到一些白白的碎屑狀物質，這也是陰道的分泌物，如果不覺得癢，屬正常現象。另外，在懷孕期間、生產後、停經前後等，分泌物的狀態也會有所不同。

　　很多私密處用品廠商會告訴妳，分泌物產生變化就是有問題，要妳趕快去買這些東西來排除困擾，這完全是銷售話術。其實在正常範圍內的分泌物變化是不用擔心的，但妳必須懂得分辨分泌物是否為正常狀態，可依以下條件判斷：

　　1.有一點味道是正常的，女性陰道的分泌物口交時嚐起來稍微酸酸的，但不應該有強烈的味道。

　　2.經期之外，除了透明或淡白色，陰道分泌物不會呈現其他顏色。

　　如果只是感覺分泌物較多，有點不舒服，通常不會有什麼問題，但如果是出現搔癢、痛感，或者是顏色和味道有明顯的變化，那就應該去看醫生，確認有沒有感染，而不是私自購買那些宣稱有療效的私密處保養品來用，以免耽誤治療！

● 陰道內的正常菌叢有助維持健康

陰道內的環境不單純只是由人體的分泌物構成，還有許多細菌也在裡面扮演了重要的角色，這些細菌被稱作「共生菌」，也就是正常狀態下自然存在陰道內的多種細菌，如果沒有它們的存在，陰道也沒辦法保持健康、正常的運作，多數情況下，這些細菌的存在對人體無害，甚至是有助平衡陰道的pH值，讓陰道的菌落維持健康。

陰道內的正常菌叢還可防止入侵的細菌附著在陰道壁上，進而防止壞菌入侵。如果陰道內正常細菌的平衡狀態被破壞了，就可能會導致感染和發炎。

常見的陰道共生菌包含了厭氧性的革蘭氏陰性桿菌和球菌，乳酸桿菌則會讓陰道的pH值維持在正常濃度（正常陰道內酸鹼度範圍在3.8～4.5之間，為弱酸性），這能防止其他有機體在陰道內生長。

如果陰道的pH值增加，變得比較不酸，乳酸桿菌的質或量就會下降，讓其他細菌有孳生的機會，進而導致感染，例如常見的細菌性陰道炎或念珠菌陰道炎，這些疾病可能造成搔癢、刺激或是導致分泌物異常。

● 私密處的清潔

女性對於臉部、身體、四肢的保養通常都很在行，但對於私密處的清潔與保養就沒那麼清楚了，以下告訴妳照顧私密處的要訣。

1.每日清洗：女性外陰部由於油脂、汗液及陰道分泌物較多，加上陰道口、尿道口和肛門緊鄰著，尿液、陰道分泌物和糞便容易交叉污染，且外陰的皮膚皺褶比較多，這些特點有利於病菌滋生、寄居和生長繁殖，因此一定要做好外陰的清潔衛生工作，正常情況下每日清洗1～2次，在做愛前尤其必要再清洗一次，因為男人口交時會一再重複舔舐女人的陰部。

2.使用溫水：不能用過熱的水清洗，熱水會造成局部的刺激和損傷，最好也不要使用冷水，冷水會讓外陰部感到不適，也不容易將分泌物洗乾淨。

緊不緊，很要緊？

很多對性知識好奇的人心裡都抱著一個疑問，那就是女人陰道的鬆緊度與性愛滿意度有沒有關係？經過研究顯示，女性的外陰構造與男女之間的性滿意度沒有多大關聯，女人陰道的性功能主要是由心理因素決定，而非生理因素。

女性的陰道長度有7～12公分，寬度可容納兩根手指，陰道壁有許多橫行的皺壁，有較大的伸縮性和彈性，興奮時陰道深度會增加1/3，寬度也會增加，所以一般不會出現男女性器官無法配合的情形，未生產過的女性，陰道通常不至於太寬鬆。

女性分娩時，直徑達10公分的胎兒頭部也能通過陰道，這就可以證實女性陰道有很大的彈性，所以這方面的擔心是完全沒必要的。

但初夜性交時女性下體會疼痛，大多是由於心理緊張、經驗不足等其他因素導致，和器官本身通常沒有直接關係。

有些女性則在生產過後會有陰道鬆弛的現象，造成性生活滿意度降低，若有這種情形，可透過陰道緊縮手術來改善。陰道緊縮可使男性在性交時較有快感，女性也能藉此達到高潮，增進夫妻情感。

女性性高潮來源於陰道括約肌強烈收縮，繼而刺激性感帶，若是恥骨尾骨肌收縮不夠強烈，或是在生產時受到創傷又沒有修補，就不太容易在性交時享受到高潮了。

● 「高潮」來襲，恥骨尾骨肌會出現規律性收縮

女性性高潮來襲時，恥骨尾骨肌會以每0.8秒的頻率收縮一次，產生反應後，子宮也會以每0.8秒的頻率上下「抖」動（子宮高潮），這一系列的收縮抖動就是高潮來臨。女性性高潮的享受感比男人強許多，男性性高潮的時間約只有8秒，女性可達20秒以上，女性之所以能在短時間內享受極致的性高潮，恥骨尾骨肌的功能很重要。

女性性愛時若沒有高潮的感覺，可以做以下練習：把3隻手指頭放入陰道內，收縮陰道，使手指可以感受到收縮的力量，尤其是30歲以上的女性，1天做2次，1次15下，連續兩週。但有一些年紀較大的女性，即使每天練習也無法自主控制肌肉的收縮，若想恢復功能，就需要藉助「陰道整型術」了。

陰道緊縮整形手術一般分為三種：

1.後陰道壁整形術：強化直腸脫出與陰道鬆弛，這也是一般夫妻因為抱怨陰道鬆弛最常做的于術，做法是先把陰道壁黏膜分開，接著把提肛肌強化縫合，切除多餘的陰道黏膜，再根據自然生產的會陰縫合術，重建強韌的陰道壁。

2.前陰道壁整形術：可同時改善膀胱脫垂的症狀，手術把前陰道壁黏膜分開，接著把子宮膀胱筋膜韌帶加縫一層，再強化膀胱底部及尿道的支撐力量，最後把多餘的陰道黏膜切除再縫合就可以了。

3.生產時順便做會陰整形術：修補會陰缺口處再重新縫合，此時可以同時把陰道內部鬆弛的表皮切除一部分，再拉回縫合，使陰道回復產前的緊實狀狀態。

陰道整形手術對婦產科醫師來說是簡單、快速的手術，過程只要20～30分鐘，如果妳有這方面的困擾，只要一個簡單的手術，就能改變夫妻間的性生活與互動關係，千萬不要諱疾忌醫。

有問必答

Q：哪些人適合做陰道緊縮術？

A： 1. 生產過的女性（無論用哪一種方式生產）

2. 陰道曾經有過撕裂傷

3. 性伴侶陰莖尺寸較小

4. 想要藉陰道緊縮提升性交滿意度

5. 陰道鬆弛狀況嚴重者

6. 40歲以上因為膠原蛋白流失，陰道壁變薄，陰道變鬆、變寬。

蒙娜麗莎之吻私密雷射

　　懷孕、生產，乃至更年期變化，是多數女人一生都不可避免的歷程，但隨著生產傷害、荷爾蒙變化及人體正常的組織老化，會使陰道出現鬆弛、乾澀、易感染、漏尿等問題，不僅讓自己性趣缺缺，也影響另一半的「性」福。

　　對於這樣的困擾，醫界過去多是建議患者做凱格爾運動，情況嚴重的只能直接以手術處理。近年來，美容醫學界發展出私密處緊實雷射，不需動刀或住院，便可有效改善上述症狀。它的原理類似運用在臉部的飛梭雷射，只是將施打的位置轉換為陰道內／外陰部等地方。將雷射探頭置入陰道後，運用雷射的光熱效應，汰換老廢黏膜，刺激膠原蛋白重組新生，黏膜增厚，可達到讓陰道環境年輕化、健康化，並能提升濕潤度、包覆感，及對尿道支撐度／改善漏尿等效果，對於性生活滿意度也有很大的幫助。

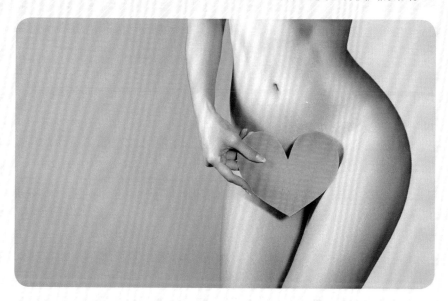

女生怎麼看A片？

　　不得不說，遍訪東西，目前市面上絕大多數的成人片（Adult Video，AV，即「A片」），都是男人視角，但有沒有專為女性需求而拍攝的成人片？有，瑞典女導演拉斯特（Erika Lust）不只開了一家A片製作公司，她還堅持用女性視角來拍片。

　　有別於劇情千篇一律、拍攝品質粗糙、內容邪淫荒誕的傳統成人片，拉斯特的成人片拍出質感，媲美藝術，看她拍的影片，能從賞片的意境中撩起你的情慾，比起那些強調性部位特寫的傳統成人片，看多了只會讓人感覺反胃。而這其中的不同，該不該說是男女對性觀感的差異？

　　拉斯特曾執導5部女性主義A片大賞的得獎影片，她還是4本暢銷書的作者。生於瑞典首都斯德哥爾摩的拉斯特，大學念的是政治學，卻愛上電影，並投身電影事業，成立拉斯特影視公司（Lust Films）。2004年，她拍攝了第一部A片《好女孩》（The Good Girl），在這部影片中，她將老套的成人片加上自己的性幻想，影片放到網站上後，第一個月就有超過200萬的點閱率！她表示，很高興看到那麼多人喜歡她做的改變，這成果促使她繼續拍攝成人電影，並給自己立下一個目標：改變傳統拍攝成人電影的模式。

　　之後，她創立線上色情影片網站，並推出《X Confessions》（終極性愛告白），讓使用者可以在網上匿名進行性愛告解，引起很大的迴響。

　　問她為什麼投身A片拍攝？她說，她發現自己可以利用電影，讓女人在性

愛這件事情上做主。「成人片是由男性創造出來，滿足他們對女性的幻想。那麼，為什麼不能改變這種現況，並利用成人片產生新的論點？」拉斯特還表示，她的影片都是從女人的性幻想出發，在她的成人片裡的女性，性愛上絕對是充分享受。

談到如何讓女性更享受性愛這件事？她說，前提必須了解性行為是正常的，它是美麗、自然和健康的。性並不可恥，人們都有性需要，應該要沒有罪惡感地去享受。所以，她呼籲，讓自己潛在的慾望被喚醒，並得到滿足與享受，不管有什麼特殊喜好，只要妳和伴侶感覺良好，什麼形式都沒有對錯。

看了歐陸的先驅，再回頭來看看亞洲情色產業大國日本的典型。

根據報導，由於女性意識抬頭，日本近年來提供女性專用的色情網站也大為增加，且這些資源大都是免費，吸引許多人妻一早把家人送出門後，便開始享受屬於自己的狂放時間，也有單身OL回家後迫不及待開始忘情享受。

這些給女生看的A片多是無碼，也就是不會無趣的加上馬賽克的遮遮掩掩，所以男優的性器官能真實呈現，許多女生每天都會上網觀看，有的網站每天甚至有近百萬的點閱量。

不同於以往，女生看A片喜歡朦朧曖昧的感覺，現在女生反而偏好看有肚腩的中年男優，她們認為看這種片較放鬆，較有癒療效果，「不倫」的主題也很討好，而這恐怕是她們長期對傳統婚姻束縛的一種情緒解脫及出口。

● 看A片是舒壓的好辦法

妳知道嗎？美國是全球成人影片產量最高的國家，平均每39分鐘就有一部新的成人影片產生，全年約推出1.3萬部成人影片，總產值約為130億美元（約4000億台幣），比起好萊塢一年上映約500多部電影，總產值要高出許多。

為什麼人們對A片的需求這麼高？簡單的說，就是「食色性也」。對性的喜好是人類與生俱來的，特別是當人們不能像吃漢堡、選購衣物、在河濱跑步那樣自在、公開地做愛做的事，就把它轉到「地下」進行，所以在全球出

版界有了「限制級」這件事，也就是它只准許18歲以上的成年人觀賞，正因為「受限」，在人們「偷窺慾」的驅使下，催生出了它這麼高的需求量。

根據英國文化人類學家莫理斯博士（Desmond Morris）所著《裸猿》中的論述：「我們的窺淫活動從生物學的角度來看是不正常的，但相對而言，它是有益的，因為它不僅在一定程度上滿足了人們對性的好奇，且避免使人們捲入可能威脅配偶關係的婚外性關係。」所以，看A片可視為降低性張力與心理壓力的一個好辦法。

在沒有網路的年代，成人片必須透過實際的載體存在，像是錄影帶、DVD等，但是當科技發展進入網路世代，成人片的傳播成為無遠弗屆，推升這個產業更加蓬勃發展。

成人片的存在對人類的意義如何？我必須要說，適度觀賞成人片是對情慾的一種滿足。人類世界，能充分滿足情慾的比例並不高，若能藉由觀賞

成人片讓不滿足的情慾找到出口，其實應該被正面看待。但也必須要了解的是，有些濫竽充數的成人片含藏著一些錯誤的觀點，長期觀賞可能會對人們的心性造成誤導，所以必須有所節制及選擇；也要避免看片成癮，因為成人片中的劇情

畢竟不是真實的人生，過度沉迷其中，不只會傷害身心，更有犯罪之虞，不可不慎。

由於現在透由網路觀賞A片方便無比，可說沒有時空限制，據了解，每1秒鐘全球約有3千萬個網友同時在瀏覽色情網頁。且看A片也不再是男性的專利，不少女性對A片也情有獨鍾，號稱是全世界最大A片網站的Pornhub，近日公佈各國女性最愛的A片類型，其中台灣女性最愛的就是「變態（Hentai）類」，也就是以色情為基礎而創作的漫畫、動畫及電子遊戲。

美國一個成人網站也發表了一項調查結果，顯示女生最常搜尋的是「女同性戀」、「3P」、「男同性戀」等題材，而男生則偏好「少女」主題，但也有人獨鍾「熟女」類型。

外國網站Cosmopolitan則針對8千名網友進行了看A片習慣大調查，調查結果整理如下。

看A片的頻率？

32.5%的男性天天看

3.8%的女性天天看

可見男性對A片的需求遠遠高於女性。有趣的是，57.7%的女性覺得男人看A片看太多了。

男人喜歡的AV女優類型？

47%喜歡年輕的

40%喜歡大胸部

38%喜歡纖瘦型

30%喜歡大屁股

30%喜歡年紀比自己大的熟女

看了A片後會不會在生活中實踐？

85%的男性會把劇情內容套用在現實性愛中

65%的女性不會因為看了A片而要求性伴侶套用情節

妳願不願意把自己的性愛過程拍下來？

38%的女生表示不願意

23%的女生願意（拍了之後看過馬上刪掉）

27.9%的女生願意（如果保證不公開）

1.5%的女性覺得可以把自己的性愛影片公開

會要求男朋友不看A片嗎？

68%不會

14%會

13%覺得如果戀人分隔兩地允許男友看

　　這份調查僅供參考，不過從數據中可以發現，男女對於A片的觀看頻率、口味和想法很不一樣，兩性之間果然差很大！

這種視覺刺激可以降低女人性高潮的閾值，透過視覺、經由下視丘，再傳達到陰蒂等性器官而達到高潮，這條神經傳導路徑，好像常常被人踩踏的小徑，久而久之會逐漸成為大路，日後女人做愛要達到高潮會容易順暢許多！

看A片還可以舒緩妳的身心壓力，讓妳的全身心從專心，到緊繃，到高潮，然後徹底放鬆，忘卻一切煩惱。

一個人的時候，妳可以邊看A片邊手淫自慰，或是用按摩棒按摩外陰，同時刺激陰蒂，絕對是一大享受，且最大的優點是可以自己獨力完成，不必求人！

必要時可以主動邀請男性伴侶（包括丈夫）一起看A片，這麼做的好處是：

1.共享影片情節，增添做愛情趣。

2.在男女交往或夫妻共同生活一段時間後，日子逐漸變得平淡無奇，使得性生活頻率跟隨減少，由兩人共賞A片作為性愛的激情開幕式，是個值得考慮的好方法！

性愛小知識

男女看A片，態度大不同

　　男人喜歡看A片，這是不爭的事實，其實不止男人，女人也喜歡，只是男人敢公開互傳A片，即使是誤傳，也不會冒犯任何一個朋友。許多男人自成一個群組，互相交換分享各自從不同朋友群中獲得的A片，再分享出去，所以也常常有同樣的影片傳進來，甚至有許多男人平常不特別聯繫，而把互傳A片當成問候語，兄弟間能有愉快的分享，也不失為保持友誼溫度的好方法。

　　女人對於看A片的態度相對保守許多，即使是閨蜜，也較少討論性話題，遑論在網路互傳A片了。多數女人的A片是來自男人的分享，其實男人傳A片給女人的舉動，潛藏著想要撩起女人性慾的動機！事實上，男人普遍喜歡跟女性伴侶一起看A片。所以，女人可以主動向男伴提議做愛時邊看A片，這不只能助興，偶爾參考模仿影片中的部分動作，可以讓性生活更活潑，相信有助更長久維繫兩人做愛的興致。

性幻想

性幻想是人類常見的現象，俗稱「意淫」，它是指青春期及成年男女，不管已婚或未婚，在性慾未得到滿足的情況下，自編自導的帶有性色彩的想像。這些人對性愛強烈愛慕，但又不能與他人發生肉體的性行為，故將其所見所聞有關性愛的畫面，經過自己的想像重新組合，而編成一段或有自己、或沒有自己的性愛過程。

性幻想的對象通常有以下幾種類型：

1.極度仰慕卻無法觸及的明星、偶像，男性如金城武、劉德華，女性如林志玲、周子瑜。

2.確實認識卻難以發生實際性關係的對象，例如學校老師、別人的男（女）友或老公（婆）、親人、鄰居、老闆、同事、客戶等。

3.有好感的異性或同性朋友，例如喜歡的網友、暗戀的對象。

4.以前或現在的性伴侶，例如前男（女）友、或老公（婆）。

5.超現實的對象，例如陌生人、A片男女優、非人類對象（動物、外星人）等。

● 性幻想無罪

幻想能帶給我們替代性的滿足。每個人對性幻想情境有各自不同的快感，這必須自己去嘗試與想像，才能知道自己在哪種情境裡會更有快感。 例如：有些女性特別喜歡被暴力對待的情境（但不表示她們期待在現實生活被強暴），有些女性覺得幻想在真實生活中認識的對象會更有感覺，有些女性則覺得多P或突破道德禁忌的幻想更刺激。

我很鼓勵大家在實際性愛時也嘗試進行大膽的幻想，給妳眼前的性伴侶一個新的身份，或是賦予性愛一個刺激的故事情境，無邊無際的想像能讓性

愛增添新的動能。隱藏在我們腦袋裡的想像力，其實就是最好的催情劑！

而性幻想除了能點燃慾望、激起性趣外，專家指出，它還能反映一個人的性格與偏好，從哪些地方可以看出來呢？

1.男女有別：女性比男性更容易幻想同性戀和SM（性虐待）情節，而男性則更容易有性別扭轉（如變裝）與更多含有禁忌的幻想。另外，女性較重視做愛的地點，男性則較關心做愛的對象。

2.性幻想對象常是目前的伴侶：不管妳信不信，事實上，人們對於名人的幻想比真實的戀人要少得多。這可能因為幻想常只是為了滿足實際的情感需求，如果妳幻想的伴侶是不存在或無法碰觸到的，情感需求就很難被滿足。

3.性幻想內容受個性支配：性格不同的人往往對性幻想有著截然不同的想像，例如個性外向的人較常幻想群交，因為他們喜愛結識新朋友；而性格較溫暖的人較少幻想關於SM、出軌及一夜情的情境，因為他們不想傷害他人；至於重視細節的人，會比較關心性幻想發生的地方；而不善於應對壓力者的性幻象，往往包含更多平靜的情感內容，較少嘗試新鮮的事物。

4.幻想中的自我與真實有所不同：在進行性幻想時，人們會經常改變自己的年齡、身體、個性、外貌，或這些條件的組合，內向的人在幻想中可能比較外向，而焦慮的人可能顯得更放鬆與自信。

性幻想無罪，它還能增加妳無限的想像力，不要因為妳的春夢而感到可恥，其實大家都想過，只要它不影響妳的日常生活，就讓妳的想像盡情馳騁；如果妳還放不開，那就想想「慾望城市」裡的莎曼珊，她的人生就很快樂，不是嗎？

SM，性虐待

SM全稱是BDSM（Bondage Discipline Sadism Masochism），是指透過身體或是精神上的虐待與服從而達到性滿足的行為，也有人將其視為一種情趣遊戲。心理學家指出，每個人多少都有施虐與被虐傾向，只是程度不同，程度比較重的就很可能成為SM的愛好者。

以生物角度來看，雄性動物大多屬於主動角色，雌性動物大多處於被動角色，因此男性成為S(Sadism/施虐者)的機率大於女性，而女性成為M（Masochism/受虐者）的機率大於男性，但卻不是絕對，尤其近年來男M有增加趨勢。

SM不一定會有性交，很多SM愛好者要的是心理上征服與被征服的滿足，還有身體虐待與被虐待的快感，或是為了享受情境遊戲，而不是只為了性滿足。不過幻想和實際畢竟不同，SM需要諸多技巧和對人體結構的基本認識，好奇而不懂得這些知識的人，如果隨意嘗試，很可能造成生命危險或是生理傷害，所以要進行SM一定要事先與伴侶做好溝通，以安全為最優先考量，並且要徵得對方同意才可以，否則可能因此觸犯刑法強制性交罪或是妨害性自主罪。

有問必答

Q：是否應該跟伴侶分享性幻想的內容？

A：分享性幻想可以讓兩人的關係更加親密，並有可能增添床上情趣，但剛開始要慢慢來，不要一下就分享太過冒險的性愛幻想內容，並思考那些情節是否真的是自己想要體驗的，這樣才能有助兩人的情感進展。

Chapter **3**

一個人的性愛

自慰的需要

　　從青春期開始，人們對性的好奇與渴望即開始萌發，無論男女。於是找一個伴，從牽手、接吻、愛撫、交合，被戲稱是「一壘、二壘、三壘、全壘打」，這是兩性交往的一般狀態。但在一般狀態之外，也可以有很多可能。

　　當妳單身，或是伴侶不在身邊，或是妳只想要自己獨享性愛，妳可以選擇自慰。自慰是女人對於性自主的具體實踐。

　　在《金賽性學報告》裡，作者金賽教授在大約9年期間內，調查了1.8萬人，他的報告結果顯示，大多數人在2歲開始即產生性活動，5歲以下兒童的性活動主要是擁抱和親吻，在2～5歲這段時期，下列這些活動要比在5歲以後更多、更經常，例如玩弄自己的生殖器、向他人暴露生殖器、用手或口刺激其他兒童的生殖器等等。

　　這些現象說明了，人類的性需求是與生俱來的，就跟吃飯或呼吸一樣，是人體最基本的需求。當妳肚子餓了會去找飯吃，當妳渴了會去找水喝，但為什麼當妳有性需求，或是說出妳有這樣的需求時，在保守的觀念裡會被當成邪淫？

　　這無疑是舊社會男性主義者壓抑女性的一種表現，他們認為自己的性需求與自慰是理所當然，但女性卻應該無慾無求，他們將女性有性需求看作是一種不恥的行為，如今看來，這是非常不智的。

　　無論男女，每個人都有享受性愛的權利，更不用說單身的妳，即使妳已婚，或是有固定性伴侶，都可以坦然面對有慾望並不可恥，並且是再正常不過的事，因為這些都是人類最基本也是最自然的反應。

《金賽性學報告》

　　為阿爾弗雷德.C.金賽（Alfred C.Kinsey）所著，他是美國著名性學專家，同時也是印第安納大學的生物學家。他根據調查研究成果出版了《男性性行為》一書，被人稱為《金賽報告》，相隔5年，他又出版了《女性性行為》，這兩個報告合稱為《金賽性學報告》。

　　金賽和同事們搜集了近1.8萬個與人類性行為及性傾向有關的訪談案例，積累了大量極為珍貴的第一手資料，用大量的訪談資料和分析圖表，首次向人們揭露了男女性行為的實況。金賽的報告開創了現代性學研究的先河，為後來的相關研究和人們的思想翻開了新頁。他的許多研究也對後來的相關理論產生了巨大影響，從而奠定了他一代性學大師的地位。

有問必答

Q：穆斯林女性可以自慰嗎？

A：穆斯林不給手淫（自慰）者定罪，但也不會鼓勵或者認同這樣的行為。至於如何懲罰，並沒有成文規定，所以法律上不會給予懲罰。

　　穆罕默德聖人對待有慾望的人，是告誡他去娶妻，或者封齋。現在的人對待這些事情比較寬容，可以接受，但不提倡，因為相比通姦，自慰就不是什麼罪過了。

話說 女性自慰史

　　自慰是人類的自然本能，也是一種極簡的生理舒壓方式，它可能自有人類以來就存在。而現代社會因為物資取得容易，工藝技術日新月異，用於自慰的器材五花八門，推陳出新，但妳想過，遠古的人類，如何運用他們的智慧來享受性愛的樂趣嗎？以下的內容就讓妳開一開眼界。

●古代德國：人造陽具

　　2005年，在德國一個洞穴內發現可能是世界上最早的假陰莖，它是由石頭做成，長20公分，寬3公分，這很可能是目前所發現最古老的人類性愛玩具。

●古埃及：蜜蜂震動器

　　傳說埃及豔后會把蜜蜂裝在一個將果肉掏空、削薄、曬乾的小椰子殼裡，然後將它放在陰部，利用躁動的蜜蜂的撞擊力，做為簡易的震動按摩器。

●古希臘：鼓勵女性自慰以提高生育率

　　在古希臘，人們相信無論男女，都需要通過射精來產生後代，因而女性被鼓勵多多自慰來提高性趣，以繁衍更多子孫。

●古代中東：群體自慰

　　在古代中東，有人相信自慰可以帶來風調雨順和物產豐饒，因此人們會聚在一起進行群體自慰，以求得豐收之神的眷顧。

●英國維多莉亞時代：骨盆按摩

在19世紀英國維多莉亞時期，自慰被認為是罪惡的，但是允許醫生為女病人進行骨盆按摩，用來釋放她們的歇斯底里症（hysteria，該字字源即來自「子宮」之意）。事實上，這就是讓醫生藉由為女性進行骨盆按摩，讓她們因為性高潮而將壓力釋放出來，使得病症得以痊癒。

●19世紀：按摩床

前面提到，因為要幫歇斯底里症的病患按摩，醫生們的手酸痛不已，於是泰勒（George Taylor）醫生發明了用蒸汽驅動的震動按摩床，協助進行醫療工作。

●20世紀：按摩棒

到了1902年，比奇（Hamilton Beech）發明了現今自慰震動按摩棒的原型，自此，按摩棒的種類開始不斷演進、改良。

自慰當然不一定要使用器具，我們的雙手就很好用，且變化無窮，接著我們就來聊聊關於女性自慰的一些事。

自慰的方式

　　自慰，當然是自己來就可以了。不管是清晨，日正當中，或是傍晚、深夜，找一個不被干擾的空間，只要妳想要，那就開始吧！

　　1.使用情趣用品：有五花八門的震動器可以刺激需要撫慰的部位，當然也可以同時使用多種道具。開始時先從腹部開始，然後在下腹及陰部上方停留，直到陰部有感覺，再把震動棒滑進陰道裡，然後慢慢把震動強度提高，直到高潮。

　　2.DIY道具：以布偶、毛巾卷或枕頭放在座椅或床上，以女上的姿勢騎坐在道具上並摩擦。操作時要將下半身放鬆，隨心所欲的擺動，當感覺越來越敏銳時就要加快，直到高潮。

3.用全身鏡見證這個私密過程：看著自己自慰時呈現的狀態，這時的妳嫵媚極了，妳可以了解為什麼男人喜歡看女人享受性愛時的表情，且這樣做還能有享受偷窺的樂趣及刺激。

4.用手指在陰唇上愛撫：躺在床上，把雙腿打開成菱形狀，用2～3根手指貼著陰蒂打圈，輕輕地，會很有感覺。

5.憑空想像：有時也可以讓腦海沉浸在那些來自電影或小說裡美好的性愛畫面，那股電流會使身體發熱，陰部濕潤，括約肌不自覺收縮，最好的是，它隨時隨地都可以進行，不受任何時空限制！

6.善用洗澡時間：洗澡時可直接用蓮蓬頭以較強的水流按摩胸部、陰部和大腿內側，也可以順便用按摩器讓自己高潮。

●處女的自慰

如果是處女，想要自己來，不要太躁進，可參考以下方法：

1.用手指撫摸：手指是最好的自慰工具，也較易掌握力度，撫摸方式亦能有較多變化。妳可以先用掌心搓揉雙乳，慢慢改用手指打圈、揉捏乳頭等方式來刺激身體，當有了面紅耳赤的感覺時，再向下進攻。

大部分處女都擔心若以手指插入陰道，用力不當或太深入會弄破處女膜。其實自慰不一定要將手指伸入陰道內，陰蒂也是女生很重要的性敏感部位，只要用手指尖輕輕愛撫，慢慢加快速度，對初次自慰的人來說已經很有感覺。

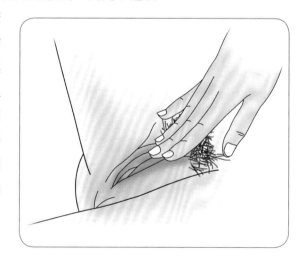

2.化身A片女主角：想要更快進入狀況，建議一邊看A片一邊自慰。當快感產生時，會感覺身體有股電流通過，此時可加快撫摸速度，有助達到高潮。

3.邊洗澡邊自慰：浴室向來是性愛理想的場所，即使妳從未做愛過，也可以在浴室裡來場自慰。有些蓮蓬頭會有不同的出水效果，集中的、分散的，或不同力度的，利用各種水流衝擊下體和乳房，享受刺激的感官享受，再配合冷熱水交替，身體反應會更強烈。

4.使用情趣用品加強刺激：如果妳覺得把情趣用品塞進陰道可能會傷到處女膜，就不一定要把它們放進陰道，用這些工具遊走身體的每一吋肌膚，尤其在私密處附近慢慢加強力度，就能讓妳達到高潮。

自慰時建議在床上墊條浴巾，可避免分泌物弄髒床單，留有異味；過後也不要倒頭就睡，記得休息過後要去沖洗身體，更換底褲，以確保衛生。

情趣用品清洗注意事項

清洗的方式要視材質而定，電動的用具要先移除電池！

矽膠：用不含香精的洗潔劑和溫水清洗，洗後自然晾乾。切勿使用含酒精成份的清潔用品，否則會侵蝕矽膠表層。

玻璃：大部分玻璃情趣用品都不耐高溫，只能用溫水和清潔劑清洗。

不鏽鋼：用滾水煮燙10分鐘。

塑膠：塑膠較矽膠更易滲透和躲藏人類乳突病毒（HPV），最好用布蘸上溫水和清潔劑擦拭。

皮革：使用酒精擦拭。

清洗晾乾後要記得存放在乾淨衛生的地方，以免下次要用時還要費事處理，壞了興致。

冥想高潮

　　現代女性面對自己的情欲，除了身體的愉悅，更在意的是能與心靈快感二合一，冥想高潮就能滿足這種需求。

　　冥想高潮又稱為「自發性高潮」，現在有許多性治療就是採用這樣的方式，它不靠雙手，也不用道具，不需要任何身體接觸或自我撫摸，只要學習新的呼吸方法和肌肉訓練，就可以達到自發性的極限快感。

　　聽起來似乎很不可思議，其實，無接觸快感主要是通過自己的感覺神經，借著練習呼吸技巧、配合更多的性幻想、收縮恥骨尾骨肌，就能達到熱血沸騰又讓人喘息尖叫的「大腦高潮」。許多上過瑜珈課的人會有類似高潮反應的美妙體驗，而這便是源於腹式呼吸和收縮括約肌對性快感的幫助。

● 通過大腦催情

　　冥想高潮還有一個不可或缺的要素就是幻想，妳必須學會讓腦中充滿栩栩如生的視覺想像，讓這些綺思冥想隨著深呼吸和收縮恥骨尾骨肌一起進行。在腦中自行編導各種狂野的情節，當進入綺思境界後，呼吸會越來越急促，巨大的情慾能量會一波波襲來。

　　這個體驗快感的方法，會讓妳更深入瞭解自己身體的反應，開發出更多享受性愛的潛能。女性的身體具有無法想像的開發空間，所以進行冥想高潮時妳不要只專注於性器官，陰道只不過是接受性刺激的一個身體部位，其他如小腹、乳頭、耳朵，甚至是腳趾、手指，都能接受性刺激，再將之傳至大腦而產生性高潮。如果只專注在陰道，想像就太過侷限了。

冥想高潮的方法很簡單，跟著以下的引導，奇妙旅程就可以開始。

進行冥想高潮時，妳必須找一個安靜的處所，將燈光調暗，並移走電話、手機、筆電等一切會造成干擾的設備，讓空間保持在舒適的溫度，太冷或太熱都可能會分散妳的注意力。

接下來，在地板上擺放一張墊子，找一個自己感到舒適的姿勢，可以躺下，也可以盤腿坐，穿著寬鬆的衣服，當然也可以什麼都不穿。

保持腰身挺直，雙臂放在身體兩側，若為坐姿，可把手臂輕鬆地放在膝蓋上，抬起下巴，讓頭部與脊柱保持成一條直線。

冥想時，把注意力放在妳所處的空間和呼吸上，放鬆地深呼吸，專注在空氣進入和離開妳的身體；吸氣時，努力將空氣吸進腹部，呼氣時，想像壓力也隨之離開身體。

當妳完成了第一階段的情境想像後，接下來是第二階段的性愛冥想。首先要找一個幻想的對象，想像妳正要與他（或她、它、牠）性交，如同真實性交的一切步驟，加上無限想像的性愛情節，盡情去想，無所限制，可能或不可能的都不要受限，想像妳曾經有過那場最美好的性愛，或是妳從書籍、電影，讀過、看過，最勾魂攝魄的做愛畫面，妳就是主角，他（或她、它、

牠）讓妳魂飛九重天，想像不要停止，讓自己盡其所能地享受虛幻的撞擊，直到高潮。

　　如果妳是新手，不要急切地想達成完美的冥想高潮境界，慢慢來，只要放開心靈，妳會一次做得比一次好，直到美好境界來臨。

　　為了加強體驗，妳可以在過程中播放一些大自然的聲音或輕鬆的音樂，例如雨聲、海浪聲，或一些新世紀音樂，聽這些聲音可幫助妳放鬆；還要確保音樂播放的時間夠長，避免因間斷播放而思緒被迫中斷。

印度《愛經》

　　古印度一本關於性愛的經典書籍，成書時間大概在1～6世紀之間。相傳在昌德拉王朝時期，印度教盛行通過性和諧達到與神合一的宗教信仰，印度教徒還有一種特別的理論，他們認為「愛」是與生俱來，可無師自通，但「性」必須經由學習方可掌握，因此古印度人撰寫了一本講述性技巧的名著《愛經》，它是世界五大古典性學著作之一，以經書形式寫成的關於性與愛、哲學和心理學的著作。

　　《愛經》中描述的「愛」是身體、心靈和靈魂的總和體驗，相愛的人更需用心靈去彼此感應，用純潔的靈魂去對應，用身體去體驗天地合一的美好境界，書中並以哲學的形式詮釋了性愛的姿態、性愛的技巧與性愛的和諧。

性愛瑜珈

在中世紀的印度，佛教支派密宗試圖尋求一種讓男女融合到一個極為歡欣的意識狀態，因此常常會舉行各式各樣的群交或個體性愛活動，教義中也鼓勵信徒崇拜女性性器官和享受狂野的性交，並且通過一些性交姿勢、深呼吸以及刺激行為（包括性刺激），使信徒的全身心都處於極度歡欣愉悅的狀態。

現代科學證明，瑜珈和性高潮之間存在著某種關係，可以這樣說，瑜珈是一種運動型的性高潮，許多練習者通過個人經驗發現，瑜珈確實能刺激性高潮。練習瑜珈能刺激人體分泌睾丸素，而睾丸素是人體內最重要的性興奮激素，它能加速生殖器血液流動，大幅增強人的性慾。科學家通過腦電圖儀發現，瑜珈姿勢確實可大幅產生那些與情人相見時相似的腦電波。

此外，練習瑜珈的某些動作，有助於刺激內臟器官，提高身體的敏感度，還可以強化脊柱，促進造血功能，使腰部纖細、胸部發達、臀部結實，在健美身材的同時，還能提高性能力。有的瑜珈動作還能改善骨盆腔血液循環，促進生殖器官健康，使膀胱、前列腺血流量加大，使人充滿活力。

Chapter 4

兩個女人的性愛

女人更了解女人

　　根據國外一份針對2.5萬名女性對於性愛滿意度的調查，結果發現，有86%的女同性戀承認做愛能有高潮，雙性戀女性有66%表示有性愛高潮，異性戀女性則只有65%，針對這項調查結果，研究人員指出，在兩人平等的狀態下，也就是在雙方對於性愛的貢獻度、期望度、性激發節奏相同的情況下，更能達到高潮。

　　另外一份刊登在《性醫學期刊》（Journal of Sexual Medicine）的研究，也印證了女同性戀做愛較易得到高潮的結果，該研究針對1497名男性與1353名女性，調查他們過去12個月以來的做愛感受。結果發現，女同性戀達到高潮的比例達到74.7%，雙性戀女性為58%，異性戀為61%；男性的結果剛好相反，男異性戀的高潮感受度達85.5%，男同性戀為84.7%，雙性戀為77.6%。

　　以性愛這件事來說，不管性向，男性的性愛高潮滿意度確實普遍高於女性，但就女性而言，女同性戀（女/女）的性愛高潮滿意度比起異性戀（男/女）足足多了13.7%，不得不承認，女人真的比較了解女人。

蕾絲邊

　　女同性戀，又稱女同、拉拉、蕾絲邊、Lesbian、Les、Girls love，指對同性產生愛情和性慾的女性。儘管自古以來女同性戀曾被記載於各處文化中，但直至近代才出現蕾、蕾絲邊、拉拉等字詞，用以形容女同性戀者。

　　19世紀晚期，性學家發表了他們對同性慾望與行為表現的研究，標明了女同性戀者在西方文化中是屬於獨立的群體。因此，意識到自身新醫學身份的女性逐漸在歐洲與北美洲形成次文化，經過了一個世紀的進化，同性戀至今已成為顯學。

　　黑色三角形代表著女同性戀的身份標識，它來源於納粹德國，當時在集中營中被認為是反社會的女性即以此標識區別，如果女性反對生育或反對傳統家庭價值，也會被標識黑色倒三角形，沿用至今，黑色三角形成為女同性戀自豪的標誌。

彩虹旗

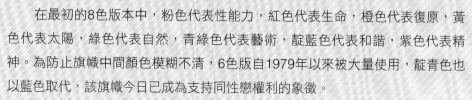

　　藝術家吉爾伯特・貝克（Gilbert Baker）在1978年為舊金山同性戀自由慶典設計了彩虹旗，該旗幟的顏色與真實的彩虹不同，相反，旗幟中紅色被放在頂部，而紫色在底部，這代表了世界各地同性戀者的多樣性。

　　在最初的8色版本中，粉色代表性能力，紅色代表生命，橙色代表復原，黃色代表太陽，綠色代表自然，青綠色代表藝術，靛藍色代表和諧，紫色代表精神。為防止旗幟中間顏色模糊不清，6色版自1979年以來被大量使用，靛青色也以藍色取代，該旗幟今日已成為支持同性戀權利的象徵。

女女這樣愛

　　女人高喊要性自主，象徵要從男性手中拿回性愛主導權，因此，即便沒有男人，兩個女人也可以一起享受高潮，而已經有男性性伴侶的人，也無妨同時享受女女愛，過程可以更細緻、時間更長，相互之間完全沒有壓力，可以盡情享受，何況「女女愛」還是女性族群中性愛滿意度最高的組合呢！

　　最愛過程中可以播放輕音樂，如法國香頌，再來一點紅酒，將是一場如詩如畫的絕美饗宴，也可以裝上攝影機，全程錄影留念。

　　不管妳是「婆」（指氣質較陰柔的女同性戀者），還是「T」（「Tomboy」的簡稱，指裝扮、行為、氣質較陽剛的女同性戀者），妳們的生理構造一樣，觀念想法較接近，只要拋開傳統成見，就能免除異性伴侶在性愛時經常不同調的尷尬，而享受兩人同步達到高潮的極致性愛。以下是常見「女女愛」的方式：

1. 指交：這是最常見女女做愛的方式，透過手指去撫摸對方的陰蒂，或插入陰道，摩擦對方陰道內的 G點，讓對方達到高潮。

進行指交時，妳需與伴侶正面相對，手掌朝上，併攏右手中指與無名指（指甲需剪短且清潔過），進入對方陰道後雙指微微弓起，大約在入口處往內約3～4公分的位置探索，利用指腹緩緩摩擦，沿著陰道壁左右探索，就可以找到一小塊隆起，可能會摸到些許皺褶，這就是 G點。

透過持續的摩擦（每個女生喜歡的摩擦頻率不同）與觀察對方的反應，對方的臉會漸漸潮紅、發出呻吟，且會配合摩擦的頻率扭動腰臀，當出現這些反應，代表摩擦的位置對了，並且對方快要達到高潮。

在到達陰道高潮時，女生會有全身突然痙攣僵直的情況，並且會有緊抓棉被、枕頭或是對方身體的反應，痙攣一會兒後就會突然放鬆，代表已經達到高潮。高潮的餘韻可以維持幾分鐘，這時兩人靜靜的擁抱就是最棒的ending了！

2. 口交：這也是一個可達到陰蒂高潮的方式，其實是透過類似指交，但以舌頭來按摩陰蒂，這比手指的觸感更為柔軟、濕潤，感受更舒服。

進行口交時，要讓對方正面朝上躺在妳面前，讓她的雙膝彎起，妳把頭埋入她的胯下，用單手把陰唇撥開，先用一些唾液弄濕她的陰蒂周邊，並且透過觸、撫、舔、揉等方式，或使用舌尖繞圈，或上下舔，這時要觀察對方的反應，因為每個女生覺得舒服的方式不太一樣。

什麼時候會達到高潮呢？當對方身體的震顫或呻吟越來越強烈，並開始閃躲舌頭的接觸，就代表她接近高潮了。

3. 乳交：讓伴侶坐著，妳跪在她面前並往前傾，使兩人的乳頭相觸，用妳的手搓揉她的陰蒂，再來吻她的乳房和乳頭；接下來，妳自己往後躺，讓伴侶靠在妳的身上躺下，妳的一隻手移到她的陰部，刺激她的陰蒂，同時以另一隻手愛撫她的乳頭，嘴巴也別閒著，要不時地親吻她；也可以站在她身後，以一隻手為她指交，另一隻手揉捏她的乳房，若伴侶很享受，要求她自己撫弄另一邊乳房，這樣的性愛氣氛肯定會很火熱。

4. 成人玩具：這類選擇就很多了，例如用跳蛋刺激陰蒂，或是穿戴上假陽具，空出來的雙手可以扶著她的腰，與對方進行超緊密的身體接合。選擇成人玩具時只要雙方喜歡，樣式不必受限，只要能幫助妳們達到高潮！

5. 剪刀式：這是難度較高的女女愛方法，透過交叉兩人的雙腳，以私處對私處來摩擦彼此的陰蒂，雙方一起扭動腰部，一起達到陰蒂高潮。

6. 69式：這是標準既可「施」、又可「受」的性愛方式，一方躺下後，抬起雙腿，張開，另一方跪趴在上，讓彼此的私處與對方的臉相對，這樣能更容易刺激陰蒂；要讓69式更激情，可以加上手指，使伴侶享受內外都舒適的服務。側躺也行，兩人都躺下後，各自的臉部與對方的陰部相對，各抬起一條腿，其他技巧如上，這樣可減少上位者體力付出較多的缺點，保留更多體力，讓伴侶享受更多激情。

Chapter 5

愛要這樣做

別只是羞怯的
當個被動者

　　女人，當妳想對男人表達溫柔與愛意時，可透過親吻對方的性器官與愛撫，這麼做，勝過千千萬萬句「我愛你」喔！記住，在性愛這件事情上，別只是羞怯的當個被動者。

　　性器官一般都被稱做恥部，因此不論男女，當自己的性器官被別人的嘴唇或舌頭觸碰時，都會感到羞怯。而正因為這個因素，所以不管是親吻別人或是被人親吻私密部位，都能讓心理及肉體獲得異常興奮的性愛滿足感。

　　但有很多女生抱怨：「雖然我親吻了他的陰莖，但他卻一點也不興奮！」其實，光只是親吻陰莖是無法讓他滿足的。要知道，經由陰莖所帶來的高潮，技法不同，感受就會有天壤之別。為了加深彼此的性愛感受，互相愛撫彼此的性器官時，應該先了解每個人不同的性感部位，這是很重要的，然後再針對那些部位加以愛撫，這樣一定能讓兩人的性愛越來越激情。

　　陰莖是讓男人達到性高潮的部位，親吻時要從最敏感的陰莖內側包皮繫帶開始，龜頭冠、龜頭溝等處的感應最為強烈。女人親吻勃起的陰莖時，大部分都只是親吻陰莖的前端而已，其實這個前端部位，即使加以捏按、吸吮，也不會有感覺，所以如果女生要向男生表示對這個部位特別的愛意時，光是吸吮前端部位，只會給對方帶來疼痛的感覺而已！

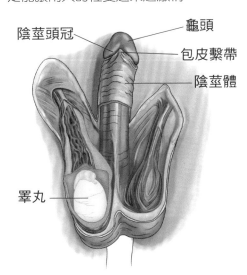

陰莖頭冠　　　　龜頭

包皮繫帶

陰莖體

睪丸

妳必須知道，男性的性興奮來源是集中在以龜頭為中心的單點上。另外，男性性器官還包括了睪丸和陰囊，這裡的構造細緻，所以很害怕受到撞擊，但是若能輕柔地撥弄愛撫的話，也是極易感受快感的部位，這個部位與肛門間還有會陰部，此間密佈著精囊腺、前列腺等男性生殖神經系統，所以只需用手指輕按、搓揉，就會很有感覺。

● 為什麼男人都希望陰莖勃起更長久？

「早洩」指提早射精，換句話說，是勃起的時間太短暫，一般的醫學論述把早洩定義為「在陰莖插入陰道2分鐘內即射精」。其實，2分鐘對男人的要求太寬容了！硬挺2分鐘即射精，然後萎縮疲軟，草草結束，女人的心理都還沒準備好，來不及享受就結束，好比看戲，才開始奏樂，主角還沒出場，幕就落下收場了，我想沒有女人會滿足的！

如果想讓伴侶充份享受性愛，甚至進一步達到高潮，我認為需要20分鐘，但也許有人認為久一點更好，所以我想在多數女人心中，更適切的定義應該是：在女人心滿「慾」足達到高潮前，男人忍不住射精銘謝收場，都算是早洩！

女人的呼喊：男人堅挺到我滿意為止！

男人的希望：在我能夠堅挺到女人滿足之前，要忍住不射精！

其實在心理上，男人與女人對性愛的期待是殊途同歸，互相契合的！

很多女人喜歡看男人高潮射精在自己的陰道中，這樣可以感受到陰莖候忽間的膨脹，溫熱的精液噴在陰道裡，那樣的心理感受能帶來無限的興奮和滿足，兩人常常能因此同步達到高潮！

但要怎麼能達成這般完美的境界呢？前提是男人的陰莖必須能硬挺，且維持足夠久的時間，還要能抑制延遲產生高潮的衝動，但這個過程在男人心裡存在著雙重矛盾。

女人啊，既希望自己的男人做愛時能達到高潮，可是又不願意他太快射

精，於是男人就必須壓抑快感，但一直令女人困惑不解的是，男人在做愛過程中的快樂到底來自哪裡？

原來男人在勃起時心理上就會產生快感，這種快感會很快地進入高原期，陰莖堅挺的時間越長，則男人和女人享受性愛的時間越久，一直到瞬間衝到快感的最高點，這時的感受好比煙火射向天空的最高處，精液則好似火花迸出噴向陰道。

射精之後，男人的性慾也瞬間消退，全身癱軟，體力耗盡，心情也在突然放空後降至最低點，情緒進入低潮期，好比自雲端跌落谷底，而這個現象和女人高潮之後的情況是迥異的。

一般女人認為，男人做愛時喜歡盡快達到高潮，其實恰恰相反，男人做愛時會想辦法不要太快達到高潮，總希望硬挺持久的時間能多一些，男人的享受則是停留在高原期，想盡辦法不要太快射精，因為只有硬挺的時間夠久，性愛過程才有足夠的時間做變化。男人都知道，女人需要經過一段時間

的刺激後才能逐漸累積達到高潮的能量，多數的男人皆是如此，希望能盡量滿足伴侶，關於這一點用心，我想女人應該要多多肯定男人，是不是呢！

　　還要告訴妳一個男人的小祕密，那就是：較多變換性交姿勢，能讓男人保持較長時間不射精！

　　男人最害怕的事是在女人情慾正酣之際忍耐不住射精了，顯得英雄氣短，所以在性交時，男人突然停住，抽出，要求改變體位，妳應該要體諒他，給他喘息一下，冷靜一下，甚至體貼的問他要不要喝一口水，歇一下再戰，如果他很快就要求換體位，那妳應該接納他的意見，配合他，因為妳的性感使然，他可能一開始就太激動了，需要緩一緩！

有問必答

Q：女性在高潮時有極快樂和極度宣洩的感覺是怎麼形成的？

A：由於前戲的性接觸刺激，使神經衝動逐漸累積高漲，到最高點時如河水決堤宣洩而出，這時女性的陰蒂會略微向上回縮，由於陰蒂此時極度敏感，回縮可以閃避進一步的直接刺激，同時陰道底部鼓脹，呼吸急促，臉頰及上身泛紅，這在瘦削的人身上尤其易見。

　　女性在達到性高潮時，陰道肌肉會節奏性地每0.8秒收縮一次，但這種反應的程度因人而異。在達到性高潮狀態時，有些女性覺得每一條肌肉都繃緊了，骨盆腔內充滿了熱血，全身舒暢無比，但也有些女性反應並不是如此，她們只有一些溫暖的感覺伴隨著局部的肌肉收縮。

　　陰道這種每0.8秒節奏性的收縮也會受其他因素影響，如對性行為觀念的開放程度、專心程度、對環境安全度的感受、性行為頻度、年齡及健康狀況等都有相關。

　　女性的高潮消逝得比較慢，如果再加以刺激，可連續出現高潮，不像男性，必須要等數分鐘、數小時，甚至數天（因人而異），才可以再射精。

掌握性事主導權

　　女人想要掌握性事主動權，可藉由挑逗男人開始，這很容易做，任何時間都可以，例如：

　　1.洗澡時：在男人洗澡時，妳可以卸下全身衣物，悄悄潛進浴室，用香皂抹他的肩、背、臀，及會陰、肛門，讓男人先享受被服務的快感。然後從背後將雙手環繞至他身前，用香皂抹他的胸部、兩乳，雙手再順勢往下滑到男人的陰莖，藉著泡沫的滑潤，運用雙手溫柔靈巧的揉搓他的陰莖及陰囊，但是不能按壓，睪丸會痛，這些舉動的目的是在挑逗他，也同時在享受玩弄男人身體的樂趣，記得要輕聲溫柔地問他：「舒服嗎？」

　　千萬不要突然停下動作，因為妳的目的不是替男人洗澡，而是在享受玩弄男人身體的樂趣，要讓他有足夠的時間意識到妳的用意，一旦他意識到妳的動機，男人必然會春心蕩漾！

這時，妳可以轉到他面前，把自己的乳房抹上滑潤的沐浴乳，緊抱住他，用雙乳摩擦男人的胸部，並且讓一隻手順勢滑下，男人的陰莖此刻可能已經勃起，妳可以用手指拎起陰莖，用他的龜頭碰觸揉搓妳的陰蒂、前庭陰唇，千萬要記住，妳此刻的心態是在享用男人，得到性快感，不必單純只是在討好男人，所以維持多久由妳決定！

接下來妳可以面對他，蹲下，用手指拎起陰莖，開始含、舔，好似享用美食一樣，反覆舔舐龜頭及陰莖幹，同時要舔他的陰囊，提醒妳，用舌頭舔舐陰囊給男人的快感勝過用口含著龜頭，當然，當妳把龜頭含在口中時，務必同時用舌頭靈巧的繞著舔。

上帝把女人的身體塑造成凹凸有致是有意義的，因為女人好似花朵，必須藉由芬芳的氣味及繽紛的色彩來招蜂引蝶，讓男人自投羅網，因此，挑逗、引誘是女人採取主動性行為的極佳方式！

2.清晨：男人在清晨時分，陰莖常常會自動勃起，這叫「晨勃」，如果前一天晚上女人想做愛，老公卻推託說工作一整天身體很累，那麼就讓他好好睡上一覺，翌日清晨，妳不妨悄悄的把手伸進他的褲襠，讓手指有如對待小寵物般輕撫他的陰莖，很快地，它就會悄悄勃起！

此時妳不要只是見獵心喜，要記得先把自己的陰道口及前庭抹上足夠的潤滑液，然後用手指托起陰莖，緩緩地坐上去，讓陰莖插進妳的陰道，在他半夢半醒之間，兩人一起享受一頓豐盛的早餐！但如果男人上午必須要開長途車或從事重勞務則不宜，否則他很容易因為疲累而在工作時打瞌睡！

挑逗會讓男人意識到妳的情慾需求，但記得提醒他，滿足妳的性需求是他責無旁貸的義務，他必須耗費一部份精神與體力和妳共享性愛的歡愉。從另一個角度看，也讓他深深感受到妳對他的愛，這樣一來，除非他有過人的

精力和體力，否則很少會有外溢的力氣再
去分享給其他女人。

3.車上：車內的小小空間是兩人的
私密園地，也是女人上下其手挑逗彼此
情慾的好地方。通常在男人開車時，妳可
以先輕輕地吻一下他的脖子，讓他砰然心
動，然後悄悄地將身體靠過去，雙手輕輕的拉
下他褲子的拉鍊，鬆開他的褲襠，右手緩緩的滑進去，直到妳溫暖的手輕巧
地握著他迅速膨脹的陰莖，這時，妳必須適時提醒他專心開車！隨後把妳的
頭埋在他的雙腿間，恣意享用一頓陰莖大餐。

儘管車上的挑逗可以很激情，不過還是要善意的提醒各位：禁止在高速
公路及快速道路上進行，只能在市區及郊區限速50公里以下的道路，且車輛
行駛中只限於口交，如果想替他手淫，務必把車子停在路邊，才能避免行車
失控，危害安全，也壞了興致！

4.野外「偷情」：說是「偷情」，其實是光明正大，但因為是光天化日，
天地無蓋，怕人看見，格外緊張，頗有「偷」的氣氛，所以用「偷情」來形
容。要享受這種樂趣，我建議由妳來「偷吃」男人，跳脫在野地讓女人局部
卸去衣物，由男人吸吮乳房玩弄私處的傳統戲碼，妳可以讓男人背倚著樹幹
站立，由妳解開他的褲襠，掏出他的陰莖，連同睪丸，像老饕享用垂涎已久
的山珍美味般。此刻，男人因為在野外曝露自己的私處，同樣會充滿著不安
全感，因此能感受到更強烈的刺激，對於妳和當下的情景，會永久且深刻地
烙印在他的腦海中！

女人把玩男人的陰莖，用嘴巴、舌頭、乳房、手、腳都可以，但是我嚴
格反對用手替男人手淫！因為男人勃起的每一分一秒都如黃金般寶貴，應該
把它放進妳的嘴裡或是陰道裡盡情享受，如果要讓手來，他自己關在廁所就
可以了，某些A片做這樣的動作只是表演罷了，千萬不能學習！

　　女人把玩男性的生殖器，對男人來說也是一樁新奇刺激的事。男人過去一向認為是他主動要求女人寬衣解帶，且在他提出需求後女人才會應要求吸吮他的陽具，如果妳採取主動，他會對妳有新的認識，會增加日後和妳玩性愛遊戲的慾望。

　　以上幾個調情方式供妳參考，其實玩弄男人性器官在任何適合的地方、適當的時間都可以盡情發揮妳的創意，譬如在電影院，過去也許是男人主動伸出手來撫摸妳的私密處，現在不妨改由妳來出手暗中撫摸他的私密處，他會既驚訝又興奮，保證會更加愛妳！

　　除了用手，還可以用腳趾頭來挑逗男人的下體！比如在多人聚餐的場合，如果男伴坐在妳的對面，妳可以出其不意的脫掉鞋子，伸出右腳在桌面下用腳趾頭去撥弄男伴的下襠，再正視他的表情，對他展現一絲神秘的微笑，他會巴不得在飯局結束後找妳做愛，不信妳找機會試試看！

　　醫師的叮嚀：要享受高品質的做愛快感，進而獲得極致高潮的快樂，妳做愛時必須心無旁鶩，專心一意地享受當下！

有問必答

Q：為什麼高潮時女人比男人更享樂？

A： 根據對大腦神經生理的研究，高潮時，男性大腦的其他部位仍然保持低度活動，但女性正好相反。女性在高潮時，大腦很多地方的活動會突然停止，好像突然熄燈了，幾乎沒有任何活動，因為女性在性高潮時會將情緒的意識、判斷和推理統統關掉，以便讓自己更能享受這個愉悅。

性慾中心在下視丘，雖然通常是生殖器官被刺激後才會達到高潮，但是在被充份挑逗的情況下，有些女性在被持續以舌頭舔吮乳頭、足踝、大腿內側等性感帶，甚至被男人吸吮手指時也會達到高潮！有些女性的高潮來得非常容易，但這必須要配合心理因素。

如果妳在做愛時分心想做愛以外的事情，或者妳當時只是抱著應付男人的心情，便不容易達到高潮；相反地，如果妳和自己所愛的人做愛，或是做愛時想著心中的偶像、想像A片的情節，即藉由性幻想，便能很快達到高潮。

Q：淫水越多越好嗎？

A： 當然，淫水跟著女人的快感走！性交時如果女性的陰道很乾澀，那是因為她的大腦還沒有產生足夠的慾念，情慾越高漲，淫液分泌會越旺盛，女人的心理或生理受到刺激時，在短暫幾秒內陰道便會充滿淫液。

那麼淫液是從哪裡來的呢？它來自陰道口兩側的腺體及陰道壁，在女性興奮充血時分泌，性交時用來潤滑陰道，成份類似組織液，透明帶點微酸的氣味，男性口交時可以品嘗看看，有助增加情趣！

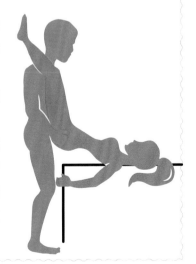

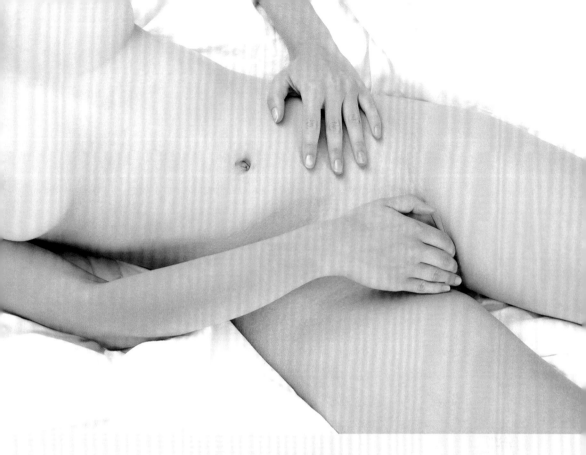

不只G點，
女性高潮還有A點、C點

《做愛一整夜》（How to Make Love All Night）一書作者芭芭拉‧凱絲琳（Barbara Keesling）表示：「只要你曾經有過高潮，妳就能享受多次高潮。」由於男女生理結構的差異，對男性而言，高潮是一種無意識的反射行為，但對女人來說，高潮絕對可以隨心所欲地一再出現。

人們談論女性的性高潮，一般常會提及「G點」，也就是當觸及到女性體內的這個點，便會讓她達到性高潮，但其實不只「G點」，女性體內還有其他幾個地方能有如探觸「G點」的效果，來看以下的介紹。

●G點高潮（陰道高潮）

在陰道前壁約5～7公分處，那個地方就叫「G點」，刺激G點可喚起性高潮，且會分泌出體液。要怎麼找到G點呢？把手指頭伸進陰道後再往上勾，會碰到一塊如錢幣大小的皺褶區域，那便是G點，如果碰到G點，高潮便會從那一點擴散開來。

●A點高潮（子宮頸高潮）

它的位置在子宮頸跟陰道壁的前穹窿，大概在距離陰道口12公分處。A點因為比G點更深入、更隱密，且一般男人的陰莖長度不容易到達，也可能因為做愛時姿勢不對，所以A點比較容易被忽略，且A點高潮的特點是只有G點達到充分高潮後才能找到它。要怎麼找到A點呢？如果要自己練習，除非妳的手指頭夠長，或是透過情趣用品是可以做到的，不過要小心，慢慢來，太過粗魯會使陰道前穹窿受傷，若因此造成大出血就麻煩了。

至於什麼姿勢最能讓女伴達到A點高潮呢？1.女上男下；2.男上，把女生的腿抬高；3.「傳教士」體位。

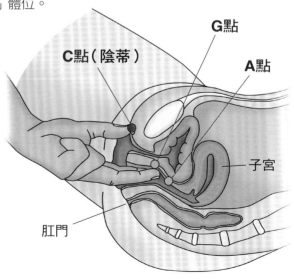

傳教士體位（missionary position）

　　為男性在上面的性交體位，這個稱呼源自19世紀，當時的基督教傳教士認為男性在上的體位，是最自然且最適合性交的姿勢，這些傳教士們也勸其他國家的信教者，不要使用類似其他動物交配的姿勢進行性行為，因而得名。

　　此性交姿勢是女方平躺，兩腿分開且彎曲，男方趴下將陰莖置入女方陰道，女性可將雙腳圍繞在男性的背部、臀部，或是舉至男性的肩膀，不同的位置會影響男性陰莖進入的深度。男性可直接趴在女性身上，或是以手、手肘將身體半支撐起來，或是採跪坐姿。採這樣的體位，男性可用單臂支撐，空出來的手可撫摸女性身體，且可盡覽女性全身。以此種體位性交，雙方都容易有性快感。

●C點高潮（陰蒂高潮）

　　根據現代生物學對女性陰蒂的研究顯示：陰蒂大約有8千多個神經末梢，是女性身體裡最敏感的組織，要實現陰蒂高潮是很容易做到的。建議剛開始從內褲外面撫摸就好，中間隔著一層阻隔，先給予適度的刺激；若已經全裸要直接上陣，可以用按壓的方式，揉摸整個陰部以刺激陰蒂，等陰蒂稍微膨脹後，將手指放在陰蒂上方，輕輕地撥開陰道口，這時陰蒂頭的前端會露出來，只要輕輕撫摸這裡，很快就能被快感貫穿。

各個高潮點比一比

G點的神經叢比較多，較容易引起性高潮，以這一點來說，A點高潮強度的確不如G點。但A點高潮是一種舒緩的愉悦感，不用太大的刺激，還能有多次的高潮，不像C點高潮是從全身緊繃到放鬆的感覺，但A點高潮需要比較深入，對陰莖長度有所限制。女性採坐姿在上位，可補男性陰莖短的不足，因為採用這個姿勢子宮頸可以自動往下碰觸男性的陰莖龜頭。

善用**陰蒂**享樂

許多男人都認為陰道是女性享受性愛樂趣的主要器官，因為在性愛過程中，男人用勃起的陰莖插入女性的陰道，這給男人的印象是「陰道與陰莖是對等的」，且絕大多數人從小即被教育：兩性的區別在於男人有「小雞雞」（陰莖），而女人相對於男人的身體差異則是陰道。

不論任何文化，在成長過程中，人們受到的家庭及社會教育大抵皆是如此，說到女人的性特徵，通常只專注在陰道，陰蒂總是被忽略了！事實上，在性愛這件事情上，對絕大多數女人來說，陰蒂才是最主要的感受器官，雖然陰道經常搶走陰蒂的風采，但事實上，大多數女人初次性高潮是來自陰蒂的自慰！

陰蒂是人體內唯一純粹以性快感為目的而存在的器官，陰蒂就像男人的陰莖，不過男人的陰莖兼有排尿的功能。陰蒂又稱為「陰核」，雖然它的大小只像一顆豆子，可說是陰莖的縮小版；埋在包皮裡的是「陰蒂柱」，如同男性包著包皮的陰莖，陰蒂喜歡被觸摸，非常敏感，容易興奮，當女性性興奮時，陰蒂柱會迅速膨脹勃起！

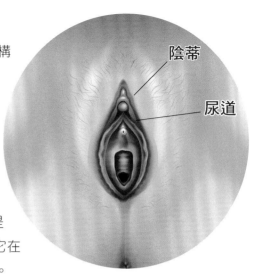

陰蒂位在陰道口和尿道之上，構造與男性陰莖相似，由勃起組織構成，頭部在小陰唇形成的陰蒂包皮下突出，柱部則被陰蒂包皮覆蓋，柱體的根部呈左右分開，像分開的雙腳環繞在陰道外側，並有肌肉覆蓋其上。陰核富有血管和神經纖維，海綿體亦可膨大，是女性全身對觸覺最敏感的地方，它在性興奮及高潮時扮演著重要的角色。

陰蒂柱的根部埋在恥骨前的肌肉裡，許多男性以為女性自慰主要是觸摸陰蒂，這是不對的，女人手淫的動作通常是用兩至三根手指的指尖揉搓陰核上部的包皮，先是做繞圓圈的動作，接近高潮時則快速左右揉搓包皮，這個過程和男人手淫的動作完全一樣。

男人手淫是用手指環握著陰莖，快速做上下揉搓的動作，把包皮推到上方，用包皮揉搓龜頭，並以重覆的動作逐漸累積快感，至抵達臨界點時射精，此時能把緊張的情緒完全釋放！

女性要享受陰蒂高潮並不是直接用手去碰觸陰核頭，粉嫩的陰核頭露出在包皮外，因為沒有堅實的角質，如果用手指直接觸摸，易感覺疼痛，也容易受傷，所以只能把包皮往前推去碰觸，這麼做時手指頭記得要多抹上一點潤滑液。

「陰核」就是外露的陰蒂頭，應該讓男人用柔軟的舌尖去舔，加上反覆溫柔的按摩，就好像女人幫男人口交時用舌頭舔龜頭，替男人手淫時用手握陰莖「柱」，動作為上下推動揉搓包皮是一樣的。

大多數女人發現陰蒂並初嘗性愉悅，是在青春期從偶然觸及陰蒂，或是在洗澡時用手揉搓時發現的，從此秘境現蹤，在暖暖的被窩裡，就不由自主

地把手伸到胯下，開始自慰起來，很多人因此養成無法戒掉的習慣。在寂寞空虛的夜晚，或是獨處的白天，都是行樂的時刻。

有位女士在健康網站問我，她已經養成手淫的習慣，至少兩天自娛一次，結婚半年以來她仍然維持手淫的習慣，她和先生在性交時陰道無法達到高潮，總是在先生射精後休息睡著時自己再手淫一次。

我建議她和先生溝通，指導先生在性交時可一邊抽送陰莖，一邊用手輕揉她的陰蒂，或是她也可以自己用手揉搓陰蒂。經我這麼一說，未幾時，她上網歡呼，說她初次嘗到了陰道加陰蒂雙重高潮的刺激！

醫師的叮嚀：每一次做愛，妳都不要放棄享受陰蒂高潮的機會！

有問必答

Q：真的有「潮吹」這回事嗎？

A：假的，真實中根本沒有潮吹這回事，它純粹是日本A片挖空心思製造出來的名詞。潮吹是影片刻意設計女性在性交過程中噴尿的誇張動作，因為陰道分泌的淫液頂多是綿延不絕滲流出來，絕對不可能像排尿般用噴的！

口舌、手指、陰莖
的三點應用

　　性交當下，主戰場當然在陰莖和陰道，主要快感點自然也相同。但我要教妳，在雙方性器交合的同時，不要讓手和口舌閒著！

　　女人這一方，當男人俯身抱著妳陰莖努力抽送的同時，妳可以激情吻他的頸部和胸部，甚至輕咬，雙手可以繞到他背後，以手指輕捏男人的背，適時表達激情；也可以一手繞到男人背後，輕握並撫摸他的睪丸。

　　男人這一方，一手務必去愛撫女人的陰蒂，陰蒂絕對是你每次做愛不能忽略的小宇宙！雙唇可不斷熱吻她的頸、胸、乳頭，甚至可以吸吮她的手指，絕對可以讓她很快就慾火焚身！

　　如果男人在上位，兩人身體成90度垂直，則男人可以邊抽送邊用舌頭舔女人的足踝或是白晰性感的小腿，甚至把她的腳趾頭含進口中吸吮，再一手握她的乳房，輕輕捏住乳頭不要放開，讓女人的腳、乳頭、陰道三點同時享受男人的激情服務。

　　若女人在上位，坐著推動陰莖時，一隻手一定要繞到背後，邊撫弄男人的睪丸及陰囊，另一隻手的食指及中指則像夾雪茄一樣夾住陰莖的根部，則是陰莖、陰囊及陰莖根部三處都能同時感受到刺激！至於舌頭呢，可以微微露出，並發出喘息或驚呼聲。

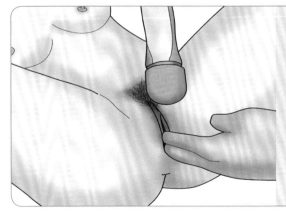

女生自己用左手握顫動按摩棒按摩陰蒂，男生在下方用食指或中指深入女生陰道，手指前端往上輕揉女生G點，十之八九能使女性達到高潮。

品玉吹簫說口交

　　「玉」指女性的陰部，「簫」指男性勃起的陰莖，「品玉吹簫」就是指口交。這當然是含蓄的說法，其實，口交是完美性愛很重要的一部份，通常男人幫女人口交是用來作為性交的前戲，讓她興奮，並接近高潮，或是在男人高潮射精之前，先讓女人達到高潮。或許妳沒嘗試過，抑或是妳沒經驗過甜美的口交，想要試試，以下我就來告訴妳一場美好的口交儀式需要具備哪些要件。

　　口交可以讓女人在做愛這件事上和男人主客位互換，要為他進行口交，女人甚至可以不脫半件衣物，只要動手解開男人的褲頭就可以開始，也不必局限空間，可以在室內或戶外，在浴室洗澡時可以玩，在戶外任何角落，如樓梯間轉角、郊外樹林中隱蔽處，或是在車上、電影院，只要妳把頭放低，埋在男人兩腿間即可開動。

趣味小知識

口交算不算性交？

　　答案是肯定的，口交在法律上算是性交，一方強迫另一方替他口交算是性侵，而不只是猥褻！若兩情相悅而替對方口交就是性交行為。

　　《史塔報告》透露了美國前總統柯林頓與白宮實習生李文斯基兩人的性關係，包括她多次為這位三軍統帥口交的事，柯林頓總統說：「我沒有和那個女人發生性關係！」不過在法律上總統的說法是不成立的，但該行為若為兩願就不構成犯罪，不過在報告中提到柯林頓想替李文斯基口交，卻因為她當時月經來而被拒絕了，真不湊巧。這個事件給女人們一個提示：天下男人幾乎不會拒絕女人替他口交！

　　美國沒有通姦罪，而我國刑法第10條第5項：稱性交者，謂非基於正當目的所為之下列性侵入行為：1.以性器進入他人之性器、肛門或口腔，或使之接合之行為。2.以性器以外之其他身體部位或器物進入他人之性器、肛門，或使之接合之行為。

女人為男人口交這件事完全沒有時空限制，不管是在臥房、入住旅店，當妳想要，隨時都可以。口交的程序可以由妳主動，讓男人隨妳起舞，他絕對會驚訝且驚喜地拜倒在妳靈動的唇舌之下！

女人要主動享受性愛，就從擅用口技、享受口交開始吧！

●口交是高潮之前招待伴侶的開胃菜

以下介紹幾個常見的口交招式：

■ 嘴唇對陰唇的「傳統式」

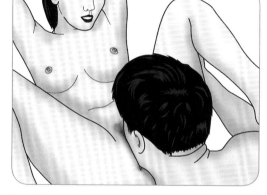

女人仰臥，兩腿張開，建議用枕頭墊高臀部，男人開始輕舔陰蒂、陰唇、陰道口，接著舌頭伸入陰道淺部伸縮捲繞著舔，這時妳大可閉著眼睛好好享受，但要提醒妳注意以下幾件事：

1.專心享受，但要隨著男人舌頭轉繞自然呻吟、蹙眉，並輕緩的扭動腰身。

2.微微往上挺高妳的臀部，就對方的舌頭，但是切忌動作太大，否則男人的舌頭會追不上。

3.妳必須指引男人舔哪裡，力道輕或重，頻率快或慢，如果很爽，要高聲驚呼繼續，要他舔遍妳的陰部！但男人果真認真這樣做，不出3分鐘，他就會開始脖子酸痛，腦袋渾沌，如果此時妳欲罷不能，不妨用雙手扶住他的頭，且把爽叫的音量提高，這對男人有絕佳的激勵效果！

4.別讓男人的手閒著，提醒男人用食指或中指伸進妳的陰道，手指稍微往上屈，輕抵住G點；或伸入兩支手指，中指頂著子宮頸，食指微屈，可觸及G點。

■ 超推薦「騎馬式」

男人躺半，女人面對男人，跨跪在男人身上，將陰部對準男人的嘴，男人的頭部最好用小枕頭墊高。這叫「以陰就口」，男人可輕鬆恣意品嘗美味如生鮮鮑魚的陰部，這個姿勢男人的身體較不會勞累，所以舌頭可以很靈活的運用，無論陰蒂、大小陰唇、會陰，都可加長時間盡情享用，當然，舌頭也可不斷伸探陰道的深處。

在妳盡情享受的同時，男人也別閒著，除了可看著妳不斷變化表情的臉，兩手別忘向上搓摸妳的雙乳。

■床（桌）緣式

日常洗澡後，或是假日的早晨，女人可以很有情調的在餐桌鋪上浴巾，踩上椅子，自然地躺在餐桌上，頭舒服地墊著枕頭，兩腳跨開，把陰部推向桌緣，男人抓一把椅子，坐到女人如蘭花展開的陰部前，用手溫柔的把陰唇向兩邊掰開，開始用唇舌大啖宛如無花果的陰

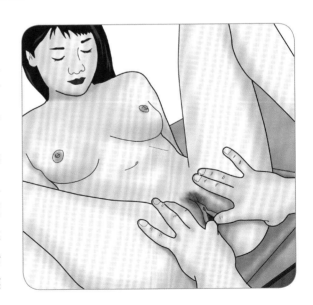

部，吸吮它的汁液，輕咬陰唇的嫩肉，好似享用一頓精緻早餐！這樣做的優點是男人的頸部不會累，且頭部及下巴活動不受限制，想吃多久就吃多久。

若想加點特別的，可巧妙的使用身旁的工具，把奶油、果醬、蜂蜜等塗在陰部，再用舌頭去舔食，可以不停變換口味，隨意吃個過癮！

再次提醒，過程中妳務必讓呻吟聲盡情表露出來，把快樂傳進他的心坎裡。

早餐菜單加點：

女人站立，上身趴在桌面，兩腿張開，讓男人把妳的底褲拉下，掰開妳的雙臀，露出兩片可口如淡菜的大小陰唇及櫻桃般的陰道小口，加上前端貼在桌面黝黑如海草的性感陰毛，男人正面坐在矮凳舔食享用，等到女人情慾高張再高舉陰莖插入，享用時別有一番風味。

有問必答

Q：口交會不會傳染性病？

A：當然會，而且許多人都是因為口交而傳染上性病。有多種疾病/病原體都可通過口交傳染，如衣原體、梅毒、淋病、單純皰疹病毒和HPV等，如果有以下這些情況，還會增加口腔傳染的可能：牙齦出血、牙齦疾病或口腔健康狀況不佳、口腔潰瘍或生殖器潰瘍等，即使是受感染的伴侶的尿道球腺液（又名預射精液）也可能傳播疾病，所以，要避免被傳染性病，安全性行為很重要。

男人舔陰技巧大放送：

女人仰躺在床上，先用小枕頭把女生臀部墊高，這樣做的好處是可以充分曝露陰蒂的構造，且男人的脖子比較不會酸，過程可以持久些，方法如下：

1.男人伸出舌頭，用舌尖快速左右點觸陰蒂，好似電動按摩棒，這會激起女人快速升高的快感，所以稱為「舌尖閃電顫動法」，但是用此法男人最多持續幾分鐘舌頭就累了，所以要接著做以下的步驟！

2.用舌面由陰道口往上貼著前庭舔到陰蒂，重複進行約1分鐘，舌頭累了

古人的房中術

古人性愛時的愛撫技巧，是從手指尖到肩膀，足趾尖到大腿，彼此輕緩地愛撫。腳，先從大拇趾及第二趾開始，而後逐漸向上游移，這是因為腿部的末梢神經是由上往下分佈的。指，則由中指開始，接著是食指與無名指，再是三指交互摩擦。手，先摩擦手背，而後進入掌心，由掌心向上游移，用四指在手臂內側專心愛撫，漸漸上移至肩膀。

手跟腳的愛撫動作完成後，男人的左手就緊抱女子的脊背，右手再向女子的陰部愛撫，同時進行接吻。接吻也必須依序漸進，先親脖子，再親額頭。男人也可以親吻對方的喉頭、頸部和乳頭，並用牙齒輕咬耳朵等女人的性感帶。

經過上述程序，充分愛撫女子身體的各主要部位後，再慢慢進行「九淺一深」或「八淺二深」的交合，雙方就能得到十分快感。

俗云：「九淺一深，右三左三，擺若鰻行，進若蛭步。」這幾個字說的是：陽具先淺進九次，使女子春意蕩漾，心猿意馬，然後再做很深入的一進，是謂「九淺一深」。因為在九次淺進時，女子能感受溫柔摩擦的快感，然後又受到狠

再接下一個步驟。

　　3.嘴巴張開成魚嘴狀，覆蓋住整個陰部，用舌頭在陰道裡左右上下舔陰蒂，約1分鐘。

　　如此由方法1、2、3循環重覆，兩人都不會疲累，直到心滿意足。

　　地點可以隨機改變，如女人躺在餐桌上、辦公桌上，甚至在戶外無人處，可躺在岩石上、汽車引擎蓋上，這樣做格外有一種緊張的氣氛與情趣！

命的一進，心動氣顫，男人的龜頭直抵陰戶深處，女子即刻陷入極度的興奮狀態，陰道發生反覆膨脹及不斷緊縮的現象。

　　除了「九淺一深」，陽具還需左衝右突，摩擦女子陰戶右邊、左邊各三次，此時，女子復又感受到來自陰道兩壁不同的快感，使性慾更是高漲，不能自己。

　　男人陽具在進出陰道時，不可呆板地一抽一送，必須像鰻魚游水，橫向擺動身體，以使女子陰道兩壁都能感受到陽具的衝擊。或是在進出陰道時，採用像蛭蟲走路一般，一上一下拱著身體前進。如此女子的陰道上下壁也能明顯感受到陽具抽插的快感，終而神魂顛倒，樂不可支而達到高潮。

　　九淺一深也好，八淺二深也好，指的都是性交的韻律，同時限制深入的次數，除非很特殊的情況，女子才需要每次的插入都直抵陰道最深處，因為每次都深入這種強烈的快感，極易導致性感知覺麻痺，反而弄巧成拙，且若是過於用力及次數太多，易使女性感覺疼痛。

　　《玉房秘訣》、《素女經》，及所有性古籍，都主張男人應盡量理智，延後射精，以配合女子高潮的到來。這種原則，直到今日仍是醫界的一致主張，男性若能按上述方法經常鍛煉，必能增強交合的持續力，使夫妻同登慾望之巔。

愛撫的手技

要抓住男人的心，先得抓緊男人的陰莖！陰莖又叫「屌」，代表男人的自信，炫耀。女人的核心性感帶有陰蒂、陰道、乳頭三處，男人的主要性感帶則只有陰莖一處，所以女人想要享用男人、挑逗男人，激起他的性慾望，讓陰莖勃起供妳享受，妳就必須把注意力集中在挑逗男人的陰莖及睪丸，我把這兩件稱之為「陽物」。

男性受到性刺激時，神經末稍會釋放出氧化氮，陰莖海綿體產生一種化學物質，使海綿體平滑肌放鬆，血管擴張，血流增加，致陰莖勃起，威而鋼促成勃起的藥理作用即是如此。

●妳的巧手就是天然威而鋼

妳必須把男人的陽物當作寶貝，想想平日妳是如何對待心愛的寵物？讓它依偎在妳身邊，經常撫摸它，輕輕把玩它，捧起來親吻它，整理它的毛，仔細端詳它，溫和地對它說話，它就會慢慢勃起，而當男人感覺很愉快，妳也會跟著興奮起來。當陰莖充血勃起，他就會迫不急待想要做愛，這時，做愛的節奏掌握在妳的手中，妳就是這場戲的編劇、導演兼女主角。

雙手萬能，我們的手可以靈活的在對方的身體甜言蜜語，彈奏優美的樂章，要怎麼做呢？以下我告訴妳用手愛撫的訣竅：

1.輕輕撫摸，讓對方舒服，觸動對方的情慾；用力撫摸，表露自己迫不急待的情慾。

2.脂肪越薄的部位越敏感，越容易挑逗，比如手背與足背、耳朵、耳後、脖子、陰莖包皮、陰蒂包皮、乳頭、鎖骨、鼠蹊部等。

3.挑逗用手指，撫慰用手掌，手指尖輕巧靈活接觸皮膚成點，輕觸皮膚可挑動情慾，手掌面貼著對方的皮膚緩和愛撫，給人疼惜體貼的感覺。

4.用腳趾頭挑弄別有一番情趣。女人可用腳大拇趾和第二趾，輕輕夾玩男人的陰莖、乳頭，也可以用兩腳腳趾合十，捧起陰莖揉搓把玩，或是用足掌前三分之一緩緩踩揉男人的睪丸、陰囊及陰莖包皮，男人會立刻魂飛九重天，高喊：「天啊，這女人怎麼這麼騷！」其實心裡又驚又喜！

陰莖是所有男人的阿基里斯腱（英雄的弱點），女人只要用心在此，隨時可以探囊取物，男人就如同妳捧在手掌心的鳥，任妳把玩。

●女人愛撫男根技巧大放送

隨時隨地用妳的目光注視男人的下體，找機會把手伸進他的褲襠！

1.在公園幽會，兩人深情擁吻時，妳悄悄的伸出右手，拉下男人褲子的拉鍊，把手伸進去，用手指溫柔的探索陰莖和陰囊，妳會發現男人溫熱的陰莖逐漸勃起，心臟撲通撲通地大力撞擊著，一場熱情的約會就此展開。

2.在電影院，燈光一暗，妳就可以把靠近男人的那隻手悄悄移到他的褲襠，隔著褲子用手指或捏、或用手掌覆蓋住男人的襠部，或索性把手伸入他的褲子裡，用手貼在他發熱的陽具上。直到電影結束，燈光即將亮起前才把手抽回！兩人在看電影的黑暗中摸索，秘密地進行著快樂的事，是很刺激的享受。

阿基里斯腱

在希臘神話裡，阿基里斯是個半神(demigod)，也是古希臘第一勇士，他出生時母親將他浸泡在冥河(即斯堤克斯河，River Styx)吸收神力，讓他能刀槍不入，但因為母親倒提他的雙足將他浸入河中，因此他的足踵並未吸收到神力，使得足踵（跟腱）部位成為他的弱點。之後在特洛伊戰爭中，阿基里斯被毒箭射中足踵而死亡，因此跟腱(calcaneus tendon)又稱為阿基里斯腱(Achilles Tendon)，而「阿基里斯腱(Achilles'heel)」這個詞就被用來指稱某人的「弱點」。

性愛博覽會

2005年5月20日，美國紐約舉辦了首屆性愛博覽會，在這次盛會上，展出各式新穎的性愛用品，其中不乏科技產品，讓與會者大開眼界。

在展覽區內，數十家廠商將會場裝飾得琳瑯滿目，除了展示各種性愛產品，張貼誘人的性愛海報，還有幾位享有性愛皇后之稱的知名性愛電影女星為博覽會宣傳造勢。博覽會上展示的性愛產品，包括獲得專利的新奇保險套、藝術假陰莖、振盪陰莖環、男性陰莖增大的訓練課程等。

據瞭解，美國性產業規模每年達400億美元，遠高於美式足球聯盟（NFL）、美國職籃（NBA）以及職棒大聯盟（MLB）的收入，成年男性是性產業的主要顧客群，而性產業包括脫衣舞俱樂部的各種表演、性愛玩具、色情書籍和色情電影等。

從2011年開始，台灣成人博覽會（Taiwan Adult Expo，TAE）登場，標榜成人產業與娛樂博覽會，盛況一年好過一年。

3.清晨時分，前一天的疲憊經過一個晚上的睡眠，清晨時體力已經大致恢復，妳若先醒來，可把他的睡褲緩緩拉下，用一手托起陰囊，用嘴輕吹陰莖，再慢慢把龜頭含進嘴裡，用舌頭溜龜頭，陰莖會很快勃起，此刻該是妳準備好坐上去享受性交的時刻了！

4.當男人坐在沙發上看報紙或是看電視時，妳依偎在他身邊，一邊交談劇情，一邊把靠近男人的那隻手伸向他的陰莖，像撫摸小寵物般，不經意把玩他的「鳥」！

以上幾個情況，主要在告訴妳性愛的起手式可由妳主動發起，最佳方式是善用妳的手，絕不要放過任何玩「鳥」的機會！把男人的「鳥」隨時隨地放在妳的手中，掌握住他的命根子，等同掌握了他性慾的出口，男人怎能不為妳神魂顛倒呢？

女人啊，只要善用妳的手，習慣且自然地把玩男人的陽具，妳就可以隨心所慾要男人配合妳的需求做愛，不必退居守勢等待男人的恩賜，懂嗎！

吟叫與扭動
是做愛時必要的對話！

　　一首小提琴協奏曲必須有鋼琴與它相呼應，打棒球擊出全壘打時需要觀眾奮力喝采，男人性交時奮力抽送的當下亟需女人的呻吟聲加持。做愛時，女人應該用熱情的叫床聲回應男人的努力，女人的反應越激烈，表示她的感覺越興奮，男人當下會越有自信，也會越給力，因為這表示自己的付出很值得！

　　女人都應該明白男人的用心，在做愛時要完全放開自己，在不干擾他人的情況下，盡情的放聲大叫，男人都喜歡女人這樣，男人需要聽到女人興奮的聲音回應，他們需要知道正在做愛的對象「很爽」！

　　妳千萬不要武斷地認為A片女演員在高潮時大叫是裝出來、是假的，但即使這是裝出來的，也是有必要的，妳可以想像一下，如果妳看到的A片畫面中女演員像死魚一樣，不吭聲，妳會有興趣看下去嗎？

　　妳也可以設想一下，如果妳是那位像死魚般的女人，妳自己會喜歡嗎？如果妳跟男人的角色互換，妳會比較喜歡和哪一種女人做愛呢？

　　如果妳不習慣「叫床」，想要嘗試突破一下，不妨試著這樣做。當男人舔妳的陰部時，妳可以很自然的喘息呻吟，臀部及大腿很自然的配合男人舌頭的

節奏輕輕扭動，肚皮顫抖，眼睛閉上，表情陶醉，男人會因為能夠替妳製造快樂而產生莫大的成就感；在他舔妳的乳房、脖子時，喘息、呻吟、身體扭動必須同時出現，用身體語言告訴他，妳收到了他愛的服務，而且很滿意。

當然，他最終一定要把陰莖插入，在他插入的那一剎那，妳一定要像被餵食的海豹吞入一條美味的魚一樣，放開懷地驚呼出聲！

接下來，每當他抽送一回，配合節奏深淺，妳必須一再的發出聲音，並且讓男人看到妳的表情，依照妳的感受，或喘息，或呻吟，或蹙眉，或驚呼，愛怎樣都可以，就是不可面無表情，悶不吭聲！還有，切忌發笑。很奇怪的，在任何性愛享樂的過程中，只要任何一方發出笑聲，都會把氣氛破壞殆盡。

做愛的全程，都得保持如宗教莊嚴的氣氛，雙方保持在這種專注虔誠的心境之下，才能獲得最高境界的享受，一旦出現笑聲，快感會驟然消逝，所有的努力化為輕佻的玩弄，另一方必然頓感性趣全無！

性愛小知識

做愛時為什麼不能笑？

妳聽過隔壁夫妻的叫床聲嗎？是開懷大笑的方式嗎？絕對不是，應該是呼天搶地且類似痛苦的嚎叫聲。在影片中妳看女性閉著眼呻吟，頭左右搖擺，臉部表情看似痛苦，但內心的感受卻是無限愉悅。而男人在射精的當下都是眉頭深鎖，大喊一聲並在聲嘶力竭後，如靈魂出竅般頓時癱軟在床。

所有感人的歌劇，最深刻甜美的愛情都是歷經千辛萬苦才得以開花結果，諸多的喜劇反而沒有給人留下深刻的印象。「在最激情的時候，呈現最痛苦的表情；最享樂的同時，卻發出淒厲的嚎叫聲！」水火同源，冰火相伴，是上帝特別安排給人類的某種啟示吧！

●聲音與身體扭動都是增加性愛情趣的身體語言

當妳把性愉悅的快感透過自然發出或大或小的音量、或高或低的節奏變化表達出來，男人接受到這些訊息，心神領會後便知道如何調整動作的快慢和輕重，增進琴瑟協調。

當男人居上位抽送時，妳的雙腿可以向上挺，臀部可以往上承接，相應迎合陰莖插入的動作，可快可慢，讓男人感受到做愛的出發點和過程不只是他單方面的享受與付出，而是兩人一同創造的神聖樂章。

妳的身體語言，包括聲音、動作，宣告妳主動參與性愛的過程，讓男人為妳的享樂而做愛，為雙方的快樂而做愛，有了女人主動、主導的過程，性愛必然更加快樂、刺激且令人興奮。

性愛小知識

叫床何妨弄假成真！

誰都不能否認的事實是：男人幾乎都喜歡女人叫床！

有不少人會輕蔑的批判A片中女生叫床是裝的、假的，但她們為什麼要裝呢？難道不是因為男人喜歡，是投男人之所好嗎？如果叫床可以助長男人做愛的激情，女人何樂而不為呢？事實上，大多數女生平時小至皺眉搖頭呻吟扭動，大至大聲尖叫，情緒表達的方式因人而異，是天生就會的，所以不必特別去假裝。

回想一下妳做愛時是否悶不吭聲？如果是，建議妳不妨從假裝做起，先學習配合男人陰莖插入的節奏開始呻吟，三個月後，妳會發現原來自己已經習慣叫床了！

性愛小知識

男人應該叫床嗎？

是的，女人也喜歡男人叫床！

叫床即是叫好，表示他很爽，做愛時女人當然喜歡看到男人很爽，所以男人當然也要叫床！

其實大多數男人在射精的當下都會出聲，且往往像馬一樣嘶聲嚎叫，是精疲力盡之前彷彿自雲端垂直墜下的呼救聲。這種叫聲，絕對不可能是假裝的，這由陰莖迅速軟掉可以證明，從身體立即癱軟也可以證明。

這樣的嚎叫及身體語言會深深打動女人的心，因為男人把精液全部傾出給了她，此刻，她獨得男人的精液、精力、精神，男人在任何時刻從來沒有這麼專注在一個人身上，女人當然感激涕零。當然，女人在心底深處也得到相當大的滿足！

男人叫床的聲音不似女人嬌嗔，那太肉麻，且聲如破鑼不會好聽，所以A片幾乎不會出現男人的叫床聲；另一個因素就是A片的觀眾絕大多數都是男人，他們不喜歡聽男人的聲音。

我持平來說，男人在做愛時邊抽送邊叫床是必須給他肯定及鼓勵的，管他聲如破鑼，女人聞之興奮就好。不過我建議不妨只大呼「好爽！好爽！」即可，這樣就滿分了！

Chapter **6**

做愛招式看這裡

女上男下，
讓妳隨心所欲

　　這是女人不能錯過的做愛體位，我極力推薦這種性交姿勢，因為這才是女人能夠真正主控性交過程的姿勢，讓自己滿足且能隨心所欲。

　　女人坐在男人身上做愛的好處，首先是可以「把男人的陰莖整支沒入陰道」，那種飽足實在的快感，絕非言語所能形容，而其中的關鍵技巧，讓我來告訴妳。

● 招式1：前後扭動

　　兩膝外張，兩腿放鬆，妳可以把全部重量直接坐實在男人身上。

　　1.以一前一後的方向扭動，這時陰道的表面緊貼包覆著雄壯堅挺的陰莖，陰道每一吋肌膚、每一個細胞，都深刻感受到陰莖的溫熱，那樣的享受自不待言！

　　2.先緩緩的前後挪動，試著讓陰莖摩擦陰道前壁並停駐在G點片刻，像是吞入整根熱狗但暫不嚼它。

　　3.讓陰道緊含著陰莖，吸它的美味，享受口感。動作的方向，可時而做圓周迴轉，時而上下抽送，速度或快或慢，全憑妳的心意調節變化。

4.女生在上位可隨己意在男人的恥骨上前後磨蹭陰蒂,這種美妙的感覺勝過自己用手指按摩,尤其此刻妳能兼有陰道及陰蒂同步產生的快感,這是妳單獨一個人做不到的,因為只有當男人直挺的陰莖插進妳的陰道裡,才能達到此境地。

5.當妳面對著男人,男人可以逸待勞,無疑是對他最好的體貼,男人可以觀看妳銷魂享樂的表情,欣賞妳晃動的雙乳,對他而言是極為刺激的情趣!

6.妳的臀部前後挺退的頻率,可隨著快感逐漸升高而自動加快速度,不斷上升直到高潮噴出!

7.男人的陰莖一柱擎天,龜頭可直抵子宮頸,給妳帶來很具體的感受。

關鍵技巧:女性下體擺動的方向、力道輕重、速度快慢、深淺,可隨自己的意,更能恰到好處觸及陰道的癢處,包括按摩G點。這是女人在玩陰莖,且充分按照自己的快感需要隨心所欲。這樣的玩法如果是男人在上位,由男人主動抽送,無論他多麼努力、技巧多好、如何用心,絕對是做不到的!

● 招式2:上下抽送

女生在上位,兩膝張開,蹲跨在男生的陰部上,主動抬起屁股上下抽送男人的陰莖。女人坐在上位除了如「技巧1」前後扭動之外,也可主動抽送,深、淺、快、慢、輕、重由妳決定,可精準地搔到自己的癢處;或是妳可以嘗試改變方向,採取背向男人坐在他身上的方式。

無論前後推扭,或上下抽插,可以面對男人,也可背對男

人，兩種方式都可邊性交邊用手指撫弄男人的睪丸，會讓自己更興奮。

背向式關鍵技巧：兩膝張開，背對男人，挺身坐在他的恥骨上

把臀部前後推動，此時陰莖偏重抽動陰道前壁，緊緊壓住G點，快感不言可喻。妳可以一手扶住男人的膝蓋，一手撫摸他的陰囊，饒富趣味。

側轉式關鍵技巧：坐在男生身上，向左/右側轉90度

左側坐，兩腳跨開，把男人的左腳放在妳的兩腿間，扭動抽送；再改換右側坐，方法相同。妳會發現，同樣的動作只是轉換不同的方向，會使陰莖碰觸的角度不同，感受千遍萬化。

● 招式3：坐在男人恥骨上身體前傾或後仰

妳坐在上面，身體可以向前傾，這時龜頭會把子宮頸向後頂，硬挺的陰莖可施壓摩擦陰道後壁，饒富趣味！

妳也可以換成身體後仰，這時硬挺的陰莖整個壓迫在陰道前壁，頂住G點，妳可恣意地抽動扭拐，保證讓妳爽到極點！

特別提醒妳：別把陰蒂冷落在一旁！

妳要好好利用他的雙手，不要讓它們閒著。妳可以把他的右手拉到妳的胯下，反手墊在他的恥骨上，這麼一來，每一次妳撞擊男人的當下，妳的陰蒂就在男人的指尖摩擦一次，如同同步手淫陰蒂一回，一舉兩得，很不錯是吧！

關鍵技巧：妳知道為什麼每一種姿勢我都教妳要把身體換個方向，同樣的動作再來一次嗎？那是因為男人的陰莖不像熱狗，不是筆直光滑頭尾圍徑一致，360度都長一樣，事實上，陰莖的龜頭稍扁，陰莖幹呈香蕉狀弧度微彎，所以只要轉個方向，陰道的感覺就會截然不同，快感也大大不同。

性愛小知識

女人主動「騎」男人的優點

做愛時採坐姿是女人「騎」男人，躺著是「被騎」，而女人「騎」男人的優點包括：

1.男人躺平，以逸待勞，可以比較持久不射。

2.男人可以欣賞女人陶醉的表情，此刻的表情最美，會讓男人驚奇的發現女人內心深處潛藏的慾念，激起他更熾烈的性慾！這情境會常留在男人心中，使妳成為他每次想做愛時的首選對象，且長久延續與妳做愛的熱情。

3.女人可以把男人的陰莖整根沒入陰道，做愛節奏可以完全依照妳的需求，或抽、或扭、或轉，深淺、速度、力道，全視妳的需要調整。

4.好似搔癢，妳自己來絕對可以搔到癢處，抓到盡興為止！

如果男人在上位，好像要他人替妳抓後背的癢，妳說左說右，費盡口舌，終究很難隨心所欲！

男上女下，正面插入式

　　人類是唯一可以面對面做愛的脊椎動物，可喜。但採取這種做愛方式時，在下位的人記得要善用枕頭。無論在任何情況，第一個動作記得順手把枕頭抓過來墊在臀部。

　　男上女下正面插入式有以下幾個好處。

　　1.把女性陰部如蘭花綻放般完全呈現，表露在男生面前，兩片肥厚且較深色的大陰唇，邊緣充滿皺褶如蘭花瓣，陰蒂如花蕊，層層疊疊完全攤開，讓人飽覽無遺，男人看了誰不心動！

　　2.男人的陰莖可以順利插入，而龜頭滑動的路徑偏重陰道前壁，頻頻在G點附近摩擦，一開始即有快感，女人可以很快進入快感高原期。

　　3.可以相互看到對方享樂的表情，這是莫大的喜悅。

　　4.男人在抽送陰莖的同時，可用手指輕輕撩撥按摩她的陰蒂。女人應該用手指把陰蒂的包皮往上稍微提拉，使陰蒂頭充分突出外露，讓男人輕觸按摩，做愛時千萬別冷落陰蒂一分一秒！

　　我還要教男士一個重要技巧：將右手大拇指指腹輕輕放在女人的陰蒂上，然後把前臂固定貼在下腹部，當你往前推送陰莖時，小腹同時推動前

臂，把你的大拇指也往前推動按摩伴侶的陰蒂，抽出時順勢把指腹往後撤，如此一抽一送，使指腹一前一後揉搓陰蒂，女人可同步享受陰蒂加陰道的雙重快感，很快就能把女人推向高潮！（如下圖）男人這樣做既有效果又省力，且可以持續不停直達高潮。

這個方法類似假陽具前通常有一個突出物，可以在假陽具插入時產生震動以刺激陰蒂，不過我提供的方法更自然，能給女人更好的享受。

再次提醒妳，任何一次性交，絕對不能忽略愛撫陰蒂！

妳應該告訴男人的秘密：在性交過程中，要讓女人達到高潮，男人最大的武器不是陰莖，而是恥骨。讓男人用恥骨碰撞妳的陰阜，就是微微隆起長陰毛的地方，恥骨壓迫，摩擦陰核，會使女人在陰莖插入的同時升高興奮度，更快達到高潮！所以在兩人性器接合後，男人就要以恥骨壓迫陰核的包皮，巧妙的刺激陰核，努力碰觸陰阜，讓她更快樂。

同樣的，女人騎坐在男人身上時，不管方向如何轉，角度都要隨之調整，讓妳的陰阜頂住男人的恥骨，讓他的抽送動作時時摩擦妳的陰蒂，好似在手淫時能同步享受陰道及陰蒂的高潮！

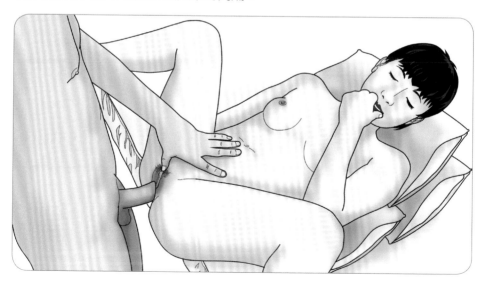

這個招式的關鍵技巧，說明如下：

1.女人陰道有緊抱陰莖的實體感，因為緊，所以動作宜慢，每一次插入深入到底，可直頂到子宮頸。

2.男人面對女人站定不動作，女人雙腿仍然併攏，但雙膝可以稍微彎屈，雙腳腳底板平踩在男人胸部，腳掌頂著用力，女人臀部主動往上抬，陰道含著長又硬的陰莖，不爽也難！

3.相對位置不變，女人右腿向右伸直平貼在床緣，左腳垂直朝天，兩腳呈L型，男人抱著一條修長美腿，陰莖平行插入，會非常滑順，可以長驅直入，每插至最深處，龜頭碰觸子宮頸那一刻，激情的快感會讓女人覺得心臟像是要從口中跳出一樣，必定使她驚呼連連。

4.相對位置不變，女人改成右腳垂直朝天高舉，左腳平放，男人站立，用右手抱住小腿，陰莖輕緩地插入又抽出，左手大拇指指腹輕按在她的陰蒂，跟隨陰莖插入抽出的節奏按摩陰蒂，男人可欣賞女人臉上銷魂的表情，女人則可領受最高品質的性愛。

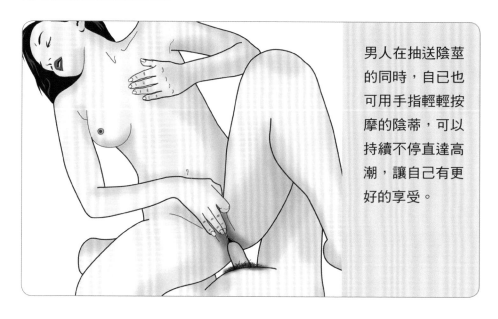

男人在抽送陰莖的同時，自己也可用手指輕輕按摩的陰蒂，可以持續不停直達高潮，讓自己有更好的享受。

這個招式的優點：

1.陰莖插入的角度讓龜頭摩擦的重點在陰道前壁，沒有停歇的連續刺激G點，讓女性的激情很快上升到最高點，一直維持在快感高原期。

2.每次抽送陰莖，男人的恥骨充分撞擊裸露外現的陰蒂，一次接著一次，把女人很快推向高潮。

3.男人陰莖的根部剛好卡在女人陰道後壁出口及會陰，不會摩擦到尿道口，陰莖抽送再久、次數再多，都不會造成尿道疼痛發炎。

4.女生把屁股墊高，會使子宮朝腹腔往後陷入，把陰道拉長變窄，宛如一道長廊，可增長1/3的陰道深度，縮小1/2的陰道寬度，且使陰道表面積增加1/3，整個性交快感指數至少飆升三倍。

5.男人陰莖沒入陰道時有無限暢快的感覺，女人有一口含入整支美味香腸的滿足，陰莖每次頂至盡頭，女人的心臟就有如欲從口中衝出一回的快感！

再次提醒，做愛時別忘了身邊最簡單好用的情趣用品──枕頭。

枕頭的妙用

男上女下時，拿枕頭墊在女生臀部，女生兩膝儘量向外張，充份露出陰部，大小陰唇、陰蒂、陰毛全都如蘭花綻放，層次分明，歷歷在目，陰道口也微微張開，陰道皺褶若隱若現，令男人垂涎欲滴。這時，男人可趴下先用舌頭舔食一頓生鮮美味，品嘗汩汩滲出的淫水瓊汁，而後再提起早已漲到欲爆裂的陰莖，毫無阻力便能順暢插入淫液已充分潤滑的陰道，兩人即可進行一場欲死欲活的拼鬥！

剪刀式

　　這也是性交時常見的體位，不管兩人是面向、同向，或兩人是頭腳同向、頭腳反向，都可以，隨你們喜歡。

● 招式1

　　女人右側躺，左腳舉起放輕鬆，男人把女人的左腳輕輕握著，舉高，把自己的腳跨跪在女人左大腿的兩側，這樣能使陰莖很容易插入女性的陰道。

　　這個姿勢的優點在於，不論女人的陰道口朝哪一個方向，陰莖的角度都可以自在調整，讓整個陰莖沒入陰道，男人的大腿根部則在每一次抽送都會撞擊女性的陰蒂；也可以右手扶著女性的腿，邊抽送時邊以左手大拇指按摩陰蒂。男人此時可以觀賞女人歡愉的表情，會越加興奮！

● 招式2

　　女性維持以上側躺姿勢，屈膝，陰莖轉個角度從背後插入，每插入一回，女人的心臟就如同被撞向口中一次，夠刺激吧！

● 招式3

　　上一個姿勢告一段落後，再轉向左側躺，女人抬起右腿，男人抱著抬起的腿繼續插抽，很奇妙的，女人的感受與躺右側時完全不一樣，是種全新的快感！

　　關鍵技巧：交合時男人把女人的腿往上抬高並拉直，陰道的感覺與把膝蓋彎曲的姿勢又有所不同。

最自然的姿勢，從背後插入

　　人類真是神奇！所有生活在陸地的脊椎動物，性交時都是從背後插入，包括羚羊、斑馬、狗、猩猩、人猿等，人類是陸地上唯一可以面對面做愛的哺乳動物。

　　此外，女人也是唯一可以天天做愛的雌性脊椎動物，其他的雌性動物只有在固定的發情期間才會接受雄性的性交邀請。在發情的這段期間，雌性動物會發散出味道能遠播千里的濃烈荷爾蒙，雄性動物聞到氣味時，才會追逐並與之交配，其他時間，雄性動物不會主動找未發情的雌性動物性交！

　　由此可見，上帝是何等地寵愛女人！因此，就動物生殖的天性而論，從背後插入式性交其實是物種最本能的姿勢，甚且我還要告訴各位，性交時從背後插入是最合乎生理構造的正確姿勢。理由是，女性陰道的直線和脊椎

的直線呈現銳角，採取從背後插入式性交，當女人趴著張開雙腿，陰道的方向與男人在後面陰莖往上翹起來的角度剛好平行，好比長劍入鞘，能長驅直入，毫無阻礙。

以這種方式性交，絕對不會因為角度問題過度摩擦女性尿道口而造成蜜月病（新婚時因性交頻繁，女性尿道口過度摩擦造成的尿道發炎）。所以，當男人突然性慾大發，而妳毫無心理準備時，可以趴下，把陰道口塗滿潤滑液，然後把陰莖當成按摩棒，把性交當成舒服的陰道按摩，經過幾次抽送暖身之後，很快就會產生性快感，點燃慾火，加入戰局；或是，當男人從正面抽送一陣子後妳仍然達不到高潮，可以翻身要男人從後面插入。以下介紹幾個性交時從背後插入的關鍵技巧：

1.洗澡完後，男人坐在沙發上看電視，妳可以悄悄靠過去，跪在沙發上，臀部朝向男人，讓男人坐著，用手把妳的兩片大陰唇掰開，讓他舔食妳的陰道、陰蒂、陰唇，也可以讓他用食指或中指伸入陰道，自然彎曲輕扣G點，讓妳為之銷魂。

2.當陰莖勃起時，男人立即站起來，讓陰莖筆直插入陰道，在陰莖插入的當下，妳會倒吸一口氣，簡直爽斃了！

3.兩人轉換體位。男人仰身躺坐，女人坐在男人的陰莖上，兩人同向，女人雙足踩地，可以前後扭動、左右搖擺，也可以抬起屁股上下抽動，享受激情！

4.當男人口中有酒氣讓妳不舒服，但他又慾火焚身時，妳可以主動跪趴下，讓男人從背後插入。

這個招式的優點：

1.男人從女人背後口交舔陰的優點是可採坐姿，時間久了脖子也不會酸，且轉舔各方向都格外靈活。舔陰時要把陰唇盡量掰開，使舌頭能更深入陰道，舌頭舔的走向和從正面時相反，給女人的爽快感覺也不同。

2.陰莖可以整根都插入陰道，女人會感覺陰莖特別長，特別爽。

性愛小知識

蜜月期從後面插入
可避免尿道炎

其實「蜜月病」不是單指新婚初期，應當包括「性交頻繁期」，因為頻繁性交摩擦陰道及尿道口會造成尿道發炎，尿道炎的症狀為排尿疼痛、排尿困難、頻尿、血尿、輕微發燒、畏寒、全身倦怠。

造成的原因是尿道夾在陰道和恥骨中間，恥骨是硬的，男性從上位正面插入會把尿道夾在中間摩擦，容易紅腫破皮。若從後方插入陰道，陰莖進出的摩擦著重在陰道口的後部，壓力會轉向會陰及肛門，這裡的組織柔軟有彈性，且因為角度的關係，陰莖進出時不會卡在尿道口摩擦，大大減少尿道炎發生的情況。

特別提醒：

1.妳可以先把內褲脫掉，撩起裙子，把臀部抬高，胸部趴在椅背，兩腳跨開，兩手往後把雙臀掰開，露出毛絨絨如熟透爆開的無花果，男人此時絕對是見獵心喜。

2.我建議男人先用手技替女人暖身，用食指及中指，微曲輪流探入陰道，挑逗G點，或在陰道口用手指繞著圈轉，或輕輕撫弄她的陰蒂，再起身站立，把挺直的陰莖輕輕地推進陰道，先淺後深，先緩後急。

3.在做愛的過程中，妳可以是導演、主角兼編劇，所以妳千萬要隨著男人抽送的深淺、快慢節奏，驚呼出聲，與男人的動作相呼應！妳必須要把握整個做愛的過程，用心掌握節奏，藉由吟叫的音量大小、音韻高低，好似電影的配樂，來誘導劇情的鋪陳！

4.性交時若是採背後插入式，我建議女性還是趴跪在床緣比較理想，因為如果兩人皆趴跪在床上，兩人的腿長短不同，若女人的腿短、陰道口低，男人腿長、陰莖高，姿勢會對不上，做起來很不順暢。若女人跪在床緣，男人站立，男人的陰莖可以調整高低，且男人站立時使用髖關節和膝蓋兩個關節推動抽送，不但姿勢變化的弧度加大，也可以更加持久不累！

再教妳一個小絕招：

男人用兩手把女人兩邊臀部向外掰開，再行插入抽出的動作，此時陰道口被拉成扁圓狀，而被壓扁的陰道前後壁夾住進出的陰莖，是另外一種超絕的爽！

如果是站立，則女性張開雙腿，上身趴在書桌或餐桌，或廚房的流理台，都是很理想的地點，其他技巧同上。

在車內，男人坐在座椅上，女人疊坐在男人身上插入也是很好的姿勢，但開始時男人先把女人雙臀往外掰開是必要的動作！

有問必答

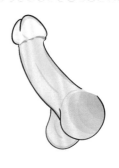

Q：身高較高的男人陰莖也比較長，對嗎？

A：錯，男人的陰莖和身高歸不同的基因管，是單獨的遺傳因素，就好比女人胸部的罩杯和身高不相干，不是身材高大的女生乳房罩杯就比較大，相反的，有許多身材矮小的女性是D罩杯，也經常見到許多身材高大的女性是扁平胸部！

但陰莖的長短和種族是有關係的，譬如白種人的陰莖平均長度為15～25公分，黑種人平均也有20公分以上，黃種人平均為10～15公分；至於粗細，則大抵是越長者相對粗一點。

陰莖長度超過15公分其實對女人性交快感並沒有太大幫助，因為陰莖較長者通常比較軟，且性交時一段陰莖留在陰道外面，不能全根盡沒入，性交時反而缺乏男人恥骨碰撞女人陰蒂的快感！

兩人共浴，洗澡兼享樂

　　洗澡是每個人一天中身體最放鬆，心情最舒坦的時刻，女人怎能錯過每天這個最好貼近男人的時刻呢？

　　日本人一直有男女共浴的傳統，這是值得學習的。一般而言，日本女性的身材不是特別火辣，肉體卻是特別性感，性生活自古特別精采，這與她們習慣與男人共浴的習俗有絕對的關係！

　　羨慕嗎？其實妳也可以。每天妳都有一次這樣的機會，把妳性感雪白的身體裸露在男人面前，這是讓男人很自然對妳垂涎產生性慾的機會，何樂而不為？心理學大師佛洛依德認為，任何感情皆起因於性的衝動，而人們每天都有一次讓雙方自然點燃一次慾火，也為相互間感情添加柴火增溫的機會，不是男女之間最美好的事情嗎！

　　女人的肉體在水中顯得特別細嫩白晰，任何一處皆令人感覺可口欲食，其實男人的肉體不也是一樣。女人淋浴時，水珠成串汩汩自雪白的頸項延著乳房流到肚臍，再流經黝黑的陰毛，延著毛尖如溪流、如雨滴，男人看了必然情不自禁想把唇舌貼在妳的乳房，舔吮妳的乳頭，蹲下來吸食如生鮮鮑魚的陰唇及陰蒂，妳當然也可以恣意舔食男人的陰囊，大口吞食他的陰莖！

　　關鍵技巧：

　　1.每天替男人的陰莖抹香皂是妳特有的權利，把他的陽物當成妳的小寵物，溫柔的清洗陰毛，順手把玩它，親吻它，吃它。

　　2.也授權給妳的男人，替妳全身抹上香皂，妳的肩頸、乳房、背部及臀部，最重要的當然是陰毛、陰唇、陰道前庭，男人必須仔細輕柔翻開清洗，他有權利順勢用唇舌舔食享用一番！

　　沐浴時，不管是在浴缸泡澡，或用花灑淋浴，都是很美很性感的事情。如果妳愛這個男人，樂於和她共享性愛，快點把兩人共浴變成每天類似宗教禱告的必要儀式吧！

有問必答

Q：陰莖的長、短、粗、細，哪種做愛比較爽？

A：長、短、粗、細並不重要，堅硬比較重要，持久更重要！

「產品」好不好，應該從使用者這一方的需求來看。女性陰道長度平均為8～10公分，最深可彈性延展至12公分；台灣男性陰莖勃起時平均為12～17公分，以長度而言，插入女性的陰道綽綽有餘，所以長短不是問題。

女性的陰道有極大彈性，寬度從平常靜止狀態的0.2公分，可輕易被撐開到4公分，而男人的陰莖勃起時直徑約為2～5公分，插入陰道時足夠讓女性有塞滿的感覺。所以，對女人的性滿足感而言，男人陰莖的長短粗細不是重點，硬不硬才是「硬道理」。

首先，因為陰莖硬夠，才能輕易插入陰道；其次，陰莖夠硬，才能在任何姿勢用不同角度順利插入陰道；再者，最重要的是女性陰道對於陰莖的硬度很敏感，硬度越高，女人越有感覺、越爽。

至於陰莖能夠堅挺多久也很重要，因為要有足夠的時間才能做各種角度變換。對大多數女人而言，可以確定的是，陰莖勃起越持久做愛時越爽，而最好的時間長度是能夠堅挺到女人高潮為止。

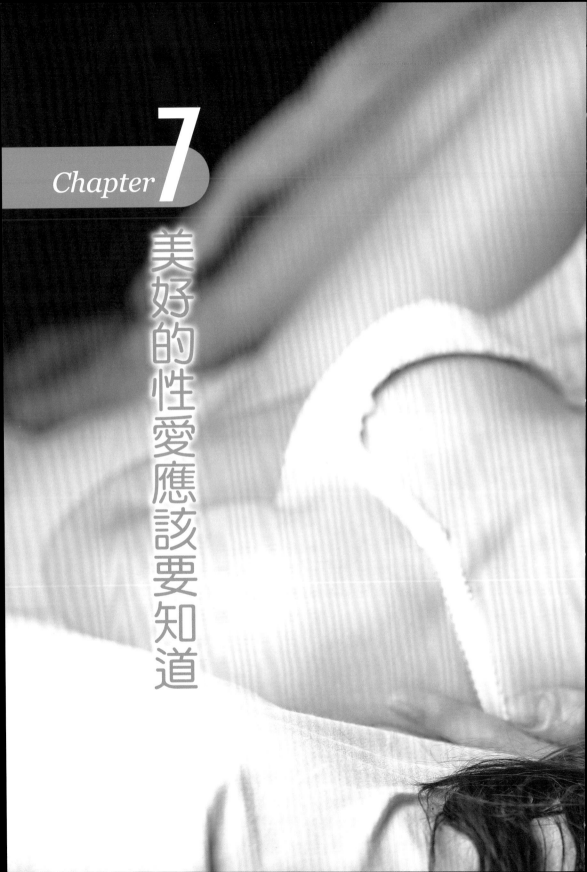

Chapter 7

美好的性愛應該要知道

男女性感帶大不同！

上帝的確厚愛女人，因為祂給女人比男人多很多的性愛享受，除了陰部以外，女人還有五大性感帶：乳頭、耳朵、脖子、大腿內側、背脊骨。

妳必須主動告訴男人，妳最喜愛他觸摸舔吻妳的哪個性感帶，事實上，女人的身體只要樂在被觸摸的時刻，全身到處都可以是性感帶。更奇妙的是，男人只要有技巧的挑逗這幾處性感帶，都可能觸發女人的性高潮！

男人可就沒有這麼被上帝厚愛了，說起男人的性感帶，中肯的說，只有陰莖一個部位，在經過挑逗後可以瞬間射精達到高潮，但如果要舉出男人喜歡哪幾個部位被挑逗，也就是男人有哪幾個地方被舌舔、被愛撫可以很舒服、很興奮，我依照興奮度排出的順序是：

1. 陰莖包皮	2. 陰囊的皺褶	3. 會陰	4. 兩側腹股溝	5. 乳頭

男人的這幾個地方被舔吻會很舒服，但是能夠達到高潮的部位只有陰莖一處！

性愛小知識

做愛要專心，做愛的過程越專心，感覺越敏銳，快感的程度越高，越是享受，越容易達到高潮！

到戲院看電影容易入戲，能快樂的享受劇情，是因為全場漆黑，妳的注意力全集中在銀幕上，心無旁騖；妳打電動時很快樂，因為妳全神貫注。做愛也是一樣的道理，妳越專心做愛，領受到的快感程度越高！

當男人在上位努力抽送的同時，妳必須專注在享受上，不可以心不在焉，千萬不要突然冒出題外話，譬如說：「老公，我們下個月去日本賞櫻好不好？」男人當下不會想和妳討論的，不僅如此，還可能因為思緒被打斷使得陰莖中途疲軟下來，當然，妳更不應該一邊做愛一邊拿手機發line或與人對話。

女人這裡最性感

前面說到女人身上有幾處性感帶，那是從女人對性反應的角度來看，如果從男人的眼光來看女人，他們最覬覦女人身上的哪些部位呢？我們來看看。

1.耳朵：向耳朵裡輕輕吹氣是一種極好的性暗示，它能夠充分刺激耳朵內部的敏感神經，並且觸及深處的粘膜組織，這種感覺能讓妳癢到心坎裡，它的促性作用非常強，妳的感受不只在耳朵，而是整個身體的慾求都被激活了。

用濕濕的舌頭熱吻耳朵內部，讓舌頭在耳朵裡不斷攪動，輕柔或熱烈，可依伴侶的反應調整。親吻或輕咬耳垂也很有感覺，有些人被親吻耳垂時，身體會有一種酥軟的感覺。當雙方還不確定是否要做愛時，親吻耳朵能讓人迅速興奮起來。讓他先湊近妳的耳朵，情意綿綿地低語，再輕撫耳廓，然後輕舔、吹氣，接著親吻、吸吮，甚至將舌頭伸入耳洞內，絕對會引起女性從心底竄起一股熱流。

2.嘴唇：嘴唇可說是人類接收性愛訊號的第一站，這不只是意象的說法，而是有科學根據的，人類嘴唇上的皮膚黏膜有個專有名稱叫「mucosa」，而私密部位也有這種黏膜構造，且嘴唇跟乳頭一樣，擁有密度極高的末梢神經。

接吻就是接收性愛訊號最直接的方式，它的方式簡單來說有兩類，一種是輕吻，一種是深吻，也就是「喇舌」。怎麼做呢？先閉著雙唇，嘟著嘴會更性感，讓他用唇輕觸妳的唇，當妳開始有反應時，讓他加大力度，然後慢慢進入法式深吻。來一個緩慢而充滿激情的深吻，是親密、浪漫，甚至是性愛不可缺少的前戲。

凡吻過必留下痕跡

要談接吻就不能不談吻痕。吻痕大多是吸吮而非輕咬造成的輕微瘀血現象；《金賽性學報告》指出，接受調查者有一半以上能從性交時的輕咬獲得快感。現在很多年輕情侶喜歡在對方身上烙印吻痕及齒印，宣示其佔有慾與所有權，而外露在脖子的痕跡，更無疑是向外人昭告彼此間親密關係的證據。

吻在哪裡最有感覺？從頭到腳，嘴唇、耳垂、脖子、背部、乳頭、手指及腳趾、腋窩及大腿內側、手肘及膝關節內側柔軟處、生殖器等部位，只要雙方不排斥，樂在其中，吻在哪裡都好。

3.脖子：女性白皙纖細的脖子和鎖骨線條，對很多男性來說是無法招架的魅力來源！親吻伴侶的脖子是一種表達愛意的方式，也是進一步親密接觸的暗示，用指尖輕柔地滑過伴侶的脖子，可激起對方的性致，甚至可讓她因興奮而驚呼連連。在親吻的空檔，可對著伴侶的脖子呼氣，這樣做會讓她更興奮。

除了親吻，也可以輕吸她的脖子，一次只需一兩秒鐘，記得別太用力，不然會留下吻痕，就是俗稱的「種草莓」。在親吻一陣子後，可以輕柔的咬她脖子上的肌膚，稍稍往上提起，再放下，記得，做這個動作時一定要小心，若是不慎咬傷可就不好玩了。

4.乳房：乳房作為性感帶已無庸贅述，但其實女性的乳房並不那麼敏感，重點還是在「乳頭」。愛撫乳房可以用手或用口，若用手愛撫，可先用手包覆整個乳房，然後揉、搓、捏、搖晃等，既可用單手或雙手愛撫單側乳房，也可用雙手分別愛撫雙側乳房，也可把乳頭夾在手指間，輕輕地牽拉，給乳頭較集中的刺激。輕輕按壓或揉捏乳頭，或者用指頭摩擦乳頭前端，會使乳頭勃起，乳頭勃起是因乳頭海綿體充血的緣故，愛撫乳頭時應注意不要太過用力，否則會有不舒服的感覺。

親吻乳房的方法也很多樣，如大口吸吮整個乳房、用口唇和舌頭舔乳頭，或者用舌頭在乳頭周邊做圓周輕舔，切記不要用牙齒啃咬乳房。

愛撫乳房和乳頭可以口手並用，用手愛撫一側乳房，另一側用口唇愛撫；還可用陰莖愛撫乳頭，把勃起的陰莖夾在兩乳中間摩擦，稱為「乳交」。

5.腰/背：夏天一到，美眉們喜歡換上露背裝，除了消暑，還有一個很重要的作用，就是吸引男人的目光，當男人看到女人的美背、腰線，就會情不自禁陷入遐想！

背部的敏感帶主要集中在脊柱那條線，以及頸背附近的皮膚，當伴侶擁抱時，讓他的手指從下到上順著妳的背部觸碰，也可讓他嘗試一邊把手放在妳的腰上撫摸，一邊熱情擁吻，調情效果一級棒。有一些女人說，做愛時，

當她們採取女上位時，如果男人用手撫摸她們的腰部，會使她們更亢奮。

6臀部：男人都喜歡女人的臀部，可能因為臀部是女人身上最具動物性的部位，自古以來，飽滿的臀部被視為女性生殖力旺盛的標誌。男人可以通過輕拍、輕咬、撫摸等多種方式刺激，這些都是很好的前戲；或是在做愛時愛撫她的屁股，拍拍它，讓它發出清脆的響聲，讓她知道你很享受跟他做愛，她會更放鬆身體及情緒。

7.腿：女人的腿絕對是性感的象徵符號，台灣跨年晚會女神謝金燕，就因為一雙美腿使其年過40地位仍屹立不搖，男人對女人穿迷你裙的腿肯定會盯著不放。美腿給男人的誘惑力絕對不亞於胸部，其中的原因不正是因為腿的根部連著陰部，讓男人忍不住有性的聯想。

纖細白皙的美腿固然能吸引男人的眼光，但千萬不要以為男人都喜歡纖細的腿，其實摸起來結實有肉的腿，才稱得上是「極品」，尤其是在床上，如果妳有著結實的大腿，代表著妳的肌肉發達、更有力量，也代表著妳更有持久力及爆發力，美國歌壇女神級的碧昂絲就是這種典型。

如果妳沒有纖細的腿，別再自怨自艾了，用妳獨特的優勢，讓另一半享受妳的爆發力，嘗試別的女生做不到的高難度姿勢，那麼妳就會是他床上的女王。

8.陰部：陰蒂自然是陰部最敏感的部位，從外觀上看，它是個很小的結節樣組織，很像陰莖，位於兩側小陰唇之間的頂端，像黃豆般大小。想進攻這裡，要先以輕輕按摩的方式撫弄外陰部，然後慢慢找到陰蒂，這個地方非常敏感，當它有感覺充血時，會和男人陰莖勃起的情況相似。掰開陰部時記得動作要輕柔，不要用太乾的手指侵入，可以稍微沾點口水或潤滑液，可幫助進入。

多數女人都喜歡陰部被撫摸的感覺，只要觸碰這裡，大腦會接收到與陰道相同的刺激。親吻陰蒂時，力道要視女方的反應隨時調整，不要太過粗魯，如果像餓狼般，那只會破壞氣氛。

威而鋼與必利勁

　　自從盤古開天闢地，上帝創造男人，勃起能力的強弱、勃起的硬度及勃起的時間長短，這三個性愛要素始終是男人揮之不去的困擾！歷代皇帝後宮佳麗三千，每位皇帝都希望自己有超強且用之不竭的性能力，才可以無休無止的隨心所慾享受性愛，可是往往力不從心，所以遍尋秘方；而不僅帝王，尋常百姓也是如此，所以春藥盛行於世，古今中外皆然。

　　有慾望的男性不例外都要追求這個最高境界，女人對男人也抱著同樣的期待！

　　以女人的角度來看，當然也希望男人在做愛時陰莖能適時勃起，且足夠堅挺，因為陰莖的硬度如果不夠，抽送時便無法有效觸及G點，陰道的感受如果

不深刻，就不容易在一次次的抽送中，把快感陣陣傳送到大腦皮質層，使快樂逐漸堆疊，使慾望節節昇高，終於推向高潮！大多數曾經和不同男人做過愛的女人都知道，在做愛過程中，男人陰莖的硬度和堅挺比大小長短更重要！

　　至於持久一事，更是男人最大的困擾與經常遭遇的挫折，因為女人做愛過程的生理反應是溫火慢煮，從開始點火到煮熟，必須有足夠的時間，這時間沒有一定的長度，但男女雙方都不希望在高潮到來之前突然中斷的心理則是一致的，所以春藥才會應需要而生。

男人享受完美性愛的必備三要素：

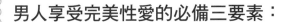

1. 能夠適時勃起	2. 硬度足夠	3. 持久不射精

● 威而鋼（Viagra）

　　它是上世紀末（1998年3月正式在美國核准上市）全球醫藥界對增進男人性能力最偉大的發明！對正常男性而言，當然都希望自己的性能力超凡入聖，在每次性交過程皆能堅挺持久，威而鋼的出現讓許多男人達成了他們失落已久的心願，重建了男人的自信心；並且由於性能力的自信，再次點燃他們對事業的企圖心，生命重拾青春與活力！

　　男人勃起能力的高原期在18～30歲，40歲以後逐漸衰退，50歲以後很快走下坡。威而鋼的藥理學作用是在性刺激下增加陰莖的血流量，恢復患者失去的自然勃起反應。

　　勃起的生理機轉包括男人在性刺激時，陰莖海綿體會釋放一氧化氮

（NO），造成陰莖海綿體內的平滑肌舒張而使血液流入，使陰莖快速充滿血液而膨脹！威而鋼可增強一氧化氮對海綿體組織的舒張效果，造成勃起，但值得注意的是，為了使威而鋼產生有效的藥理結果，性刺激是必要的。所以服用威而鋼之後並不會自然勃起，而是必須在性刺激之下才會勃起！

威而鋼的使用方法：在性交前30～60分鐘前服用即可，有效作用時間為24小時，可增進男性在射精後陰莖再度勃起的能力。

男人的用心：男人之所以服用威而鋼，處心積慮要增強自己的性能力，完全是為了讓女人在做愛當下獲得最高度的滿足，這層用心女人應該明白才是。

女人的貼心：在此也要建議妳，如果妳發覺男人的性能力逐漸力不從心，在他生日時買顆威而鋼給他，並在日後鼓勵他在必要時繼續使用。

有問必答

Q：服用威而鋼多久能發揮藥效？

A：服用威而鋼後最快14分鐘內陰莖可達到堅硬的勃起，而服用威而鋼達堅硬勃起的平均時間為36分鐘。此外，臨床研究也發現，在服用威而鋼後的第12小時進行性行為，有74%的病人還能成功勃起。

Q：心臟病患可以使用威而鋼嗎？

A：一項大規模實驗的結果指出，威而鋼使用者其心肌梗塞與缺血性心臟病的發生率及死亡率與一般人相同；此外，美國心臟學會發表，威而鋼可增加心臟病患者之運動時間，並延後其引發心肌梗塞的症狀，證實心臟病患者可在專業醫生的指示下安全使用威而鋼。

Q：高血壓患者可以使用威而鋼嗎？

A：同時服用1～3種降血壓藥的高血壓患者，服用威而鋼並不會增加發生副作用的風險，且威而鋼改善勃起功能障礙的效能高達70%。

Q：威而鋼能改善早洩嗎？

A：威而鋼並沒有治療早洩的作用，但也許是使用者服用威而鋼後，覺得陰莖勃起症狀獲得改善，自信心增強，使得有些早洩患者覺得可以更持久；有些醫學研究則指出，使用威而鋼第一次射精後不久即可再度勃起，所以建議使用者利用第二次勃起進行較長時間的性行為。

Q：服用威而鋼前可以喝酒嗎？

A：喝一點酒可以營造浪漫氣氛，不會影響威而鋼的作用；但若是喝得過量，反而會抑制性刺激，延後威而鋼發生作用的時間，甚至使藥物失效。

●必利勁（Priligy）

必利勁是繼威而鋼之後又一男性性功能早衰的救星，它可以幫助延後男性射精的時間，而它的作用原理是通過改善大腦中血清素濃度，來延遲導致男性射精的某些化學反應，其積極作用時間可持續12小時。

大多數服用必利勁的男性能增加在勃起和射精之間的時間，同時為他們提供2~3倍的效果，但這種藥物只有在服用時才有效，並沒有根治的效果。它可能的副作用包括：頭痛、頭暈、腹瀉、噁心、暈厥和其他症狀，適用對象為18～64歲有早洩情況的男性。

早洩的特點

1.
性交不到
2分鐘即射精

2.
由於早洩使患者
及其伴侶
感到煩惱

3.
射精控制
能力不佳

人體射精主要是藉由交感神經的作用，射精機轉的路徑源自腦幹脊髓反射中心，而這些作用主要起始於腦中的一些細胞核。必利勁的作用在抑制並延遲反射，達到延後射精的效果。

必利勁可以和威而鋼同時服用，獲得勃起堅挺及持久的雙重效果！如果有心臟問題，例如心力衰竭或心律不整，或有中度至重度肝臟問題，及未滿18歲或超過65歲，建議不要服用必利勁。

提醒妳：如果妳的男伴有早射（早洩）的困擾，應該建議他服用必利勁。在做愛前服用即可，可幫助他重建男人的自信心。

有問必答

Q：威而鋼/必利勁和春藥有什麼區別？

A：前兩者經過科學驗證，有定性及定量的分析研究，使我們清楚它在人體產生作用的藥理機轉，在使用時可預期它的效果，在用量上也相對安全，而春藥(如廣為人知的印度神油或金蒼蠅等)的效果及作用過程不夠明確，效果及安全堪慮，所以醫界不特別推薦使用春藥。

至於這兩種藥物的差異，威而鋼是直接作用在男性生殖器官（陰莖），必利勁則作用在中樞神經（腦），因為射精的發動起點在腦，但是服用了威而鋼也必須先有慾念，所以性能力強不強的關鍵還是在腦！

「長、久」不能保證高潮

性交時，男性適度的持久是有必要的，一般標準是20～30分鐘就夠了；至於陰莖插入的深度，因為陰道的長度不過只有8、9公分，且最敏感處在陰道口前段到陰蒂處，持續太久的摩擦及抽送，女人也會吃不消，容易使陰道分泌物不足、兩人性器官紅腫、發炎、破皮，所以「持久」的定義應該是使雙方均能維持到高潮來臨即可，千萬別迷戀A片男主角的超人絕技。

男性可以透過自慰或伴侶協助，了解自己對哪些部位、哪種方式的刺激比較敏感，當要延長性交及延後射精時，就要減少對這些部位的刺激。

在陰莖插入陰道後，採取不同的抽插方式，深淺輕重交替，偶爾暫停在對方體內幾分鐘，或抽出陰莖，改用手交或口交，可延緩射精的時間。

陰毛與腋毛的性感媚力

　　在古代，或至少50年前，女人的體毛，包括陰毛與腋毛，一直被男人視為不可或缺的性感象徵。舊社會時，流傳著男人嫖妓（不鼓勵）嫖到「白虎」會走霉運的說法，而女人被「青龍」嫖到也會有厄運！

　　什麼是「青龍」、「白虎」？沒有陰毛的女人被稱為「白虎」，沒有陰毛的男人叫「青龍」。當然，上面提的傳言不會是事實，但可以確定的是，在當時，陰毛對男人或女人激起性慾有很重要的意義！

　　如果你曾經看過30年前8釐米的A片影帶，會見到女主角都是陰毛茂密黝黑，兩腋下體毛也是又長又多，也許因為那時的影片是黑白片，所以陰毛及腋毛的性徵特別明顯，今日再觀之，只令人感覺觸目驚心，印象深刻。猶記得當年男同學間也是常拿女人的陰毛來討論與分享，當時流行的黃色小書，對女人陰毛是否性感優美、濃密、長短、顏色深淺、形態分佈等，總是極盡描繪之能事！

　　自從1910年香奈兒在巴黎成立時裝店，並開始演變成舉辦時裝秀來展現季節新裝，引領流行時尚歷經一世紀，她們由經驗歸納出模特兒的選拔原則是：胸部不可以豐滿，腋毛必須剃除乾淨。為什麼要如此？因為豐滿的乳房

及裸露的腋毛這兩個性感要素，會轉移觀眾對服裝的注意力。

　　從此以後，所有出現在公眾面前展示最新時裝的女模，皆必須把腋毛剃除，經過時代演變，越來越多女性也自動模仿，當夏天來臨前即剃光腋毛，理由是穿著無袖上衣露出腋毛會顯得不雅觀。換個角度想，應該是認為腋毛太性感，外露出來給人看不好意思，有些人則不知所以然只是跟著流行。

　　我給女人們一個誠心的建議，別盲目跟隨流行，若不是有嚴重狐臭，我建議為了讓妳在男人眼中更加性感，最好不要剃光腋毛！

　　我曾經看過一則報導，知名的好萊塢男星布萊德彼特曾經說，他喜愛舌舔女人的腋下，因為他覺得女人的腋毛很性感！

　　回想20世紀60年代中期，比基尼泳裝、內衣等輕薄短小的衣著開始在大部分西方國家流行，在健美活動上也十分常見，這雖然風行，但一小塊布實在無法把陰部完全遮蓋，使得陰毛經常外露，令自己感到難堪，使得日後許多女性乾脆把外露在比基尼布料之外的陰毛修剪掉。

　　近幾年來，西方國家的女性開始流行剃陰毛的風氣，在歐洲裸體模特兒的照片中，常常看到陰毛全部被剃光，也有部分人把陰毛剃短並做造型。她們會找美容師或是婦產科醫師，替她們把陰毛剪成小三角形、心形、長方形，或僅在頂端留下一個小方塊等各式造型，煞是有趣！

　　國內最近有些女性也開始追逐這種流行，到診所來要求把陰毛全部剃除，問她為什麼？得到的答案非常簡單：比較衛生。針對這個回答，我要告訴妳，陰毛的存在和衛生沒有關係，只有一種情況是長陰蝨，它會躲在陰毛的根部，治療期間必須把陰毛剃除，在其他正常情況下，陰毛並不會有任何衛生問題。

　　根據一項非正式的調查，90%的男人認為看到女人的陰毛會立即產生性慾，並且認為陰毛越濃密越好。所以，奉勸追求性感的妳，在剃光陰毛前要三思，因為剃了陰毛即是剃掉了性感，最近甚至還開始流行女人到植髮診所植陰毛哩！

關於植陰毛

在東方人眼中，毛髮是性感的象徵，長出腋毛、陰毛，代表著女性成熟、擁有生育力，但人類約十分之一患有「恥毛缺損症」，即陰部完全沒有毛髮或較為稀疏的女性，會因此有「發育不全」的信心危機，這問題在醫學尚不發達的時代可說是無解，但如今，整型醫學發展日新月異，植髮（毛）輕輕鬆鬆就能完成。而除了天生的「恥毛缺損症」，現代女性也有純粹不滿意私密部位毛髮太細，或對形狀、毛髮生長方向有意見，希望透過植髮（毛）來改善。

探究女性植陰毛背後的原因，終歸是考量性交時伴侶的感受，但從功能面來看，陰毛可讓男女在性交時減少皮膚摩擦，對陰部有保護作用。

告訴妳一個有趣的知識：

植在陰部的毛從哪裡來？答案是：頭髮，很令妳驚訝吧！

妳是不是會疑惑：用頭髮來植陰毛，將來是不是會一直變長？其實是不會的。植陰毛後的前三個月，種植的陰毛如原來的頭髮會變長，三個月後這些被植入的毛髮掉了，自毛根重新長出的則和原生的陰毛完全一樣，具有柔軟捲曲的毛質，且長到如原有陰毛的長度就不會再長了，很神奇吧。哦，讚美上帝，感謝上帝！

● 玩陰毛的無限樂趣

女人的陰毛可以有很多種玩法，每一種都可以讓男人神魂顛倒。比如洗澡時用泡沫抹在黝黑柔軟的陰毛，讓它看起來好像黑色漩渦，十足性感！或是在性愛高潮後，讓男人用梳子幫妳梳理陰毛；睡前可以要男人用潤滑液塗

抹在妳的陰毛，讓烏黑的陰毛如羽毛散開，平貼在白皙的下腹；也可以要男人用吹風機把妳的陰毛吹得四散飄逸，這等性感和情趣，一定會讓男人傾倒……。玩法很多，你們自己去發揮創意吧！

　　我看截至目前日本和韓國的A片，演員全都保留完整的陰毛，一絲未刮除，美國和歐洲最近的A片則大部分將陰毛剃光，有些則刮除部分或經過修剪，但西方的A片會特別把鏡頭聚焦在陰蒂，把陰唇翻開，外露陰道的肉體，我認為，少去陰毛的魅力，把埋藏在裡面的秘密赤裸的展現出來，成了另外一種不必要。試想，如果陰毛不見了，日後合法的A片就沒必要再在第三點打上馬賽克了。

比基尼線

　　指女性在穿上比基尼泳褲後，泳褲下方兩側與皮膚交界的線。由於女性陰部正常的毛髮生長常會使陰毛露出在比基尼泳褲之外，為了避免「露毛」的尷尬，於是整型醫學興起了「比基尼線除毛」，常見的方式有：

　　1.美式：僅除去露出在泳褲外部的陰毛，以這種款式脫毛後，所剩陰毛形狀為倒三角形，又稱「倒三角」式。

　　2.法式：完全去除包括陰唇在內的毛髮，僅在外陰上方留下一條約4公分寬的垂直帶（被戲稱為「飛機跑道」或「花花公子帶」），這種脫毛方式在那些必須穿著襠部區域非常窄的衣著的模特兒行業中很流行。

　　3.巴西式：指去除盆骨區正面和背面的所有毛髮，適用於穿著丁字褲的人。此式脫毛能使成年女性看上去像女孩，在性行業中頗為流行，但這種脫毛方式不自然，且免疫系統差的人在施作過程中會有感染的風險。

讓妳愛不完的情趣用品

　　情趣用品也稱成人玩具（adult toys）、性玩具（sex toys），是幫助性行為所使用的器具，它對於患有性冷感的女性和性功能障礙的男性，抑或是中年對性事疲乏的夫妻等，都有改善的效果，也是年輕夫婦、情侶性愛遊戲的玩具，能幫助提高性愛情趣、輔助治療性冷感，簡單地說就是增加性愛情趣的用品。

　　在性學專家眼裡，雙方藉由輔助品的幫助來解決生理需求，不但可以DIY不求人，更不會影響或是強迫他人行事；從另一個角度說，它還能為夫妻生活注入情趣，有助愛情更保鮮、更持久。

　　當人們因為心理、生理等問題無法正常完成性交時，不應當以消極的、無做為的態度來回避這種需求，而是應該借助生殖器之外的身體部位、藥物或性用具等來幫助完成性活動。所以，正確使用情趣用品，可以達到自慰、自療的作用。

情趣用品的主要作用：

1.
治療及
提高性能力

2.
增加
性生活情趣

3.
滿足特殊情況
下的性需求

在生殖學上，性病恐懼者、未婚者、長期外出或獨居者、性慾較強者，或是夫妻性生活未能盡興時，如男性陽痿、女性性冷淡患者，或夫妻一方有病或致殘而無法進行性生活者，都可借助性器具的刺激來達到性高潮，以獲得性滿足。

也有人購買性玩具是因為他們想嘗試新鮮的性愛花樣，在性愛情趣中去發掘自己和伴侶的性潛能，這多與疾病無關，所以，只要不濫用，偶爾使用情趣用品來點刺激，也未嘗不可。

● **增添性愛情趣**

現代社會生活節奏越來越快，很多人被工作、生活壓得喘不過氣，性生活成了可有可無，使得夫妻感情日漸淡去，這時，成人用品的出現很好的改變了這一情況。

成人用品其實有很多種類，如各式自慰用品、情趣內衣、遊戲服、跳蛋以及功能性保險套等，在無聊的夜晚，在伴侶沒有興致的時刻，妳可以扮成溫柔護士、狂野海盜、可愛女僕……總有一款能提起他的興致；或者來個跳蛋，跳蛋是非常好的性愛前戲用具，也是女性朋友自己可單獨使用的好玩具，它可以極佳的刺激女性陰蒂等性敏感帶，還可選擇自己喜歡的頻率與強度，讓身心快速調整到性愛模式，加快高潮到來，夫妻如果一起使用，還有增添性愛情趣的作用！

由於女性享有在短時間內享受多次高潮的生理特點，所以情趣用品多

數都是為女性需求而設計。情趣用品使每個女人在沒有性伴侶的情況下，可以利用它享受性快感！它讓女人享受性愛可以不必靠男人，不只能滿足性自主，且有方便性，包包裡放個小玩具，在自己的房間、辦公室的洗手間，或是百貨公司的五星級廁所，都可以自己來上一段。

　　情趣用品對身體健康有沒有壞處？沒有，非但沒有壞處，還可以舒壓、解鬱、消火氣，對身心健康絕對有益；更好的是，情趣用品不必勉強男人配合，讓兩性關係更自在。

　　常見情趣用品依照用途可分為以下幾類：

　　1.陰蒂自慰用：主要是按摩棒、跳蛋，這類用品的功能是能高速震動，目前進化版的跳蛋或按摩棒震動速度有分級，還有各種震動花樣，有由弱轉強的，或是強弱搭配的，高速震動雖能帶來高速刺激，但常會嚇到初使用者，它和自己用手指緩緩按摩不同，但只要多試幾次，很快就能學會如何使用。

　　我建議使用震動器時最好在陰蒂、陰唇及前庭上塗抹潤滑液，不但能增加快感，且能避免因快速摩擦而受到傷害。

2.假陽具：多為長條型與陰莖擬真，使用時放入女性陰道，進階版有電動，可震動、伸縮，甚至旋轉龜頭，其功能遠超過實際陰莖，對女人的陰道做到極盡討好之能事！還有些假陽具在根部多出一段如小指的陰蒂按摩器，在假陰莖插入陰道時透過震動來按摩陰蒂，使陰道及陰蒂能同步達到高潮。

3.乳頭震動按摩器：有專門設計罩著兩個小乳頭的按摩器，但因為有震動功能的跳蛋已經足夠用來刺激乳頭，大可不必多此一舉！

4.加強性刺激類：如龜頭冠狀溝環（帶有突起刺激物的彈性環，固定在龜頭下的冠狀溝）、帶突起刺激物的保險套（多為矽膠材質，能加大、加長陰莖）等，這些用品的作用都是為了加強對陰道的刺激，使女性更容易達到高潮。

5.潤滑劑類：這類情趣用品適合於性興奮不足、或是絕經期後的女性，它能潤滑女性陰道，減少性交的不適及疼痛感，性經驗不足、精神過於緊張、難以充分性興奮的女性也適合使用，它能讓女性容易習慣、適應陰莖的插入。

6.情趣內衣：它是內衣的衍生物，重點在於「性感」，透過視覺來達到生

7. SM用品：如皮鞭、蠟燭、手銬、眼罩等。

有些論點認為女人不要太常使用情趣用品，會因為太刺激而取代對男人的性趣，甚至沉溺其中。我認為這實際上是不會發生的事，試問男人會因為養成了手淫的習慣而喪失和女性性交的欲望嗎？不會，這種事從來都沒有發生過！

使用情趣用品的時機，往往是在以下幾種狀況：

1.身邊沒有男性伴侶，如單身，或是想要享受性愛而不方便找到男人的時候。

2.男人提供的性交無法滿足女人的需求，如早洩、不能勃起，或是男人的性技巧不夠好，女人無法盡興時，後續使用跳蛋按摩或假陰莖來滿足性慾，這樣反而可以幫助男人取悅女人，有益維繫兩人的性關係及感情，尤其是夫妻關係！所以，女人使用情趣用品並沒有沉溺的問題存在，反而有益身心健康，幫助穩定情緒。

男人應該鼓勵女人使用情趣用品，除了可用來補救自己體力的不足，還可減輕來自女性性生活需求的壓力，甚至可以當成兩人性交時的輔助用品，使女人在每一次性活動都很舒服很滿意，反而有助提升兩人的感情，女人若因此感受到男人對她的體貼、寬容和善意，必然會心存感激。

多年夫妻，或同居多時，有穩定性關係的伴侶，我鼓勵兩人把情趣用品經常擺放在床頭，當男人提早射精，女人意猶未盡時，女人可以繼續玩到盡興，不要讓男人對妳有愧疚！

●男人買情趣用品給誰用？女朋友或是老婆？

根據情趣商品業者說，到店裡買按摩棒者八成是男人，兩成是女人，且近年來購買使用情趣用品的人口有快速增加的趨勢。

通常，男人都是單獨走進店裡，東看西看後再表示要買哪一種按摩棒，

店員通常會進一步介紹各種型式的產品，譬如按摩陰蒂的電動跳蛋，或是按摩陰道的假陰莖，假陰莖又分電動及非電動、可伸縮、前段龜頭部分可轉動等，各式各樣。

　　店老闆看顧客觀看的表情和眼神，就可猜出誰是新手誰是老手。如果是新手，他會善意的建議顧客先選擇簡易型的產品，循序漸進，如果顧客是有使用經驗的老手，就介紹他進階版，如可電動兼震動速率可分段、可自動變換方向的假陰莖等，有些假陽具根部有可同步高速震動按摩陰蒂的小突出物，讓女人陰道與陰蒂同時享受，一陣陣令人無法控制的快感，把女人一步步推向極樂天堂！

　　業者表示，過去男人購買情趣用品幾乎都是給女朋友、情婦或小三使用，目的在討好對方，讓女人得到更刺激的性愛享受，從性行為論，這樣的用心應該受到肯定。不過最近幾年來，越來越多男人表示購買按摩棒是給老婆用！這狀況表示，最近男人已經逐漸正面關心和老婆的做愛品質，開始替

另一半的性生活快感著想，這是很重要的進步，值得肯定和鼓勵！

前些日子，有一位空姐和小王做愛的自拍影片外流，觀看這段影片，發現她跨坐在男人身上前後推摩已然全陷入陰道的陰莖時，仍手持一支棍狀電動按摩棒按摩陰蒂，表情爽極了，可見女人的性慾永無止盡，但以往都被男人低估了！

許多男人不能接受自己的女人，尤其是老婆，在和自己性交時同時使用陰蒂按摩棒，辯稱那只是A片的演出，其實單純是自尊心作祟，因為他不能面對自己性能力不足的真相，或根本忽略了女人慾望的深淵。

何不換個角度想：如果按摩棒可以讓A片中的女人興奮到如痴如醉，為什麼不能讓自己的女人或老婆享受更高度的性愉悅呢？

如果男人能敞開心胸，做愛時用人工性器，包括按摩棒或是假陰莖，當成做愛的好幫手，讓女人每次做愛都能達到高潮，或是趨近高潮，不但可大大減少自己做愛時堅挺持久的壓力，且必定會讓女人打從內心愛死你！成功不一定要自己獨力完成，不是嗎？

另外，從女性購買情趣用品自娛的人數日漸增加，顯示女人性自主意識逐漸抬頭；而男人購買情趣用品給女人使用的比例也有增加的趨勢，表示男人已漸漸正視且尊重女人的性需求，更懂得如何在性愛中滿足女人，這是男女關係的一大進步！

有人擔心，若女人使用按摩棒或人工性器成癮，會不會減低與男人性交的慾望？答案是不會的，女人的性慾和性滿足感仍以心理層面為主，男人的陰莖真實插入自己的陰道，和擁抱有溫度的男人肉體的滿足感，仍舊是人工性器無法取代的，即使是女同性戀人做愛時使用人工性器輔助，也無法取代兩人擁抱親吻舔舐肌膚時具肉體溫度的快感。

情趣用品業者透露：經濟越不好，景氣越差，按摩棒銷售的業績越好！他們的解讀是：心情越苦悶，經由性愛尋求生活中的小確幸，是最經濟、簡便，又最有效率的事！

做愛禮儀要知道！

　　做愛是一件愉快的事，但如果因為一些瑣事壞了興致，真是會令人扼腕，所以，關於做愛的一些基本禮儀妳不能不知道。

　　1.事先徵求對方同意：「女人說不要就是要？」那可不見得。有些大男人幾杯黃湯下肚，就強迫老婆或女友配合上床辦事，完全不管人家願不願意，霸王硬上弓的結果，衍生出許多夫妻間的強暴罪，這屬於犯罪行為，因此，女生若說不要，男人最好先判斷是真拒絕還是說假的，千萬別勉強。

　　2.不可視為理所當然：雖說夫妻有同居義務，但若對方無意親熱，就該考量可能是時機不對，不妨花點時間取悅對方，比如，女生可以穿上性感內衣，或者噴點香水，男生可以用音樂、美酒來製造美好氣氛，讓對方心情好轉，兩情相悅才能讓性愛更甜美。

　　3.尊重對方：如果今晚妳沒有性致，不能拖到上床那一刻才宣布「今天休兵」，要對方緊急煞車，這種溝通方式可能會讓對方不高興。若身體真的不舒服，雙方可以思考替代方案，比如以口交或情趣用品等方式來替伴侶宣

洩，才不會因床事壞了兩人的關係。

4.把身體洗乾淨：建議做愛前先刷牙、洗澡，尤其雙腳應該認真刷洗到沒有一絲味道為止，陰道及陰部自不待言，女人應該將陰道及外陰都清洗到沒味道為止，口臭、汗臭、狐臭也都應該先處理，這是衛生問題，即使是平常，女性的陰部、男性的陽具都應保持乾淨。

5.使用保險套：很多年輕人經常換性伴侶，基於安全性行為考量，在新關係開始的前半年內，從事性行為一定要戴保險套，因為你無法預知你的新伴侶或對方的舊伴侶有沒有性病，所以與新伴侶上床半年內或長期使用保險套是必需的。

6.在乎對方是否快樂：做愛時不可只顧自己是否達到高潮，卻疏忽對方的感受，有些行為粗暴的男生，以為女人在床上的叫聲愈大愈愉快，有人為此去入珠，其實那是痛而不快，要真心愉快，兩人才能幸福長久。

7.勿苛求對方：不要因為對方一次表現不好，就給她/他貼上標籤，嚴格要求對方與自己同步產生高潮，這樣反而會造成雙方的壓力，要相互體諒，感情好，高潮自然水到渠成。

8.不要比較性伴侶：千萬不要拿前任男友的床上功夫跟現在的伴侶比較，這是傷感情並損自尊的事，也是非常不禮貌的行為，男性若謹記在心，極可能會產生心因性陽萎，損失的是妳自己。

9.記得讚美對方：一場美好的性愛後要記得讚美或道謝，告訴他：「你真的好棒，好厲害！」或「謝謝你讓我這麼舒服」，適時的讚美可鼓勵對方，讓他的表現愈來愈好。

10.保守性伴侶的秘密：絕對不要公開性伴侶身上的特徵，或對他人談論自己與性侶伴的私密行為，幫對方維護隱私是成熟人格一定要的，若以炫耀的心態向他人述說伴侶的隱私，只會降低自己的品味，讓人對妳望之卻步。

記得，做個聰明的女生，「做愛，故我在」，儘管去享受歡愉的性愛，但千萬要做個好情人，怎麼做，妳懂的，因為這本書已經告訴妳很多了！

國家圖書館出版品預行編目資料

好女孩也該享受狂野的性愛：婦產科名醫教妳關鍵密技 / 潘俊亨著.
-- 初版. -- 新北市：金塊文化, 2019.05
232面；17 x 23公分. -- (實用生活；49)
ISBN 978-986-97045-6-4(平裝)

1.性知識 2.女性

429.1　108006027

實用生活 49

婦產科名醫教妳關鍵密技

好女孩也該享受狂野的性愛

愛麗生官方LINE@好友

金塊文化

作　　者：潘俊亨
發 行 人：王志強
總 編 輯：余素珠
美術編輯：JOHN平面設計工作室

出 版 社：金塊文化事業有限公司
地　　址：新北市新莊區立信三街35巷2號12樓
電　　話：02-2276-8940
傳　　真：02-2276-3425
E - m a i l：nuggetsculture@yahoo.com.tw

匯款銀行：上海商業銀行 新莊分行（總行代號 011）
匯款帳號：25102000028053
戶　　名：金塊文化事業有限公司

總 經 銷：創智文化有限公司
電　　話：02-22683489
印　　刷：大亞彩色印刷
初版一刷：2019年5月
初版五刷：2023年12月
定　　價：新台幣400元

ISBN：978-986-97045-6-4（平裝）